普通高等教育工业设计专业规划教材

产品设计中
交互效果图表现技法

Methods of Expressing the Interactive Effect Graphics in Product Design

赵 震 张兰成 编著

方 兴 主审

机械工业出版社
CHINA MACHINE PRESS

本书主要介绍了一种在产品设计中互动表现产品效果的技法，包括Virtools软件平台基础知识，以及采用此软件制作船锚互动控制效果、汽车互动效果、MP3互动演示等表现产品使用方法及产品结构的实例讲解。通过对本书的学习，可以使读者掌握交互效果图的表现技法，为展现设计方案提供一种更加直观、互动、体验性更好的形式，为充分表达设计思想提供一种更有利的工具。

本书可作为普通高等院校工业设计专业学生的教材，也可供从事产品设计的人员参考。

图书在版编目（CIP）数据

产品设计中交互效果图表现技法 / 赵震，张兰成编著. —北京：机械工业出版社，2011.2

普通高等教育工业设计专业规划教材

ISBN 978-7-111-33037-0

Ⅰ.①产…　Ⅱ.①赵…②张…　Ⅲ.①工业产品—计算机辅助设计—高等学校—教材　Ⅳ.①TB472-39

中国版本图书馆CIP数据核字（2011）第007794号

机械工业出版社（北京市百万庄大街22号　邮政编码100037）
策划编辑：冯春生　责任编辑：程足芳
责任校对：常天培　封面设计：张　静
责任印制：杨　羲
北京双青印刷厂印刷

2011年3月第1版第1次印刷
210mm × 285mm·9.75 印张·220 千字
标准书号：ISBN 978-7-111-33037-0
　　　　　　ISBN 978-7-89451-822-4（光盘）
定价：39.80 元（含 1DVD）

凡购本书，如有缺页、倒页、脱页，由本社发行部调换
电话服务　　　　　　　　　　网络服务
社服务中心：（010）88361066　门户网：http://www.cmpbook.com
销 售 一 部：（010）68326294
销 售 二 部：（010）88379649　教材网：http://www.cmpedu.com
读者服务部：（010）68993821　封面无防伪标均为盗版

普通高等教育工业设计专业规划教材
编审委员会

引　言

　　在产品的开发设计中，产品成功的关键不仅取决于产品创意是否独特新颖，而且产品的表现也是至关重要的。俗话说得好，"人配衣服马配鞍"，一张良好的效果图能为产品设计的创意表达添光加彩。如果说创意好坏是产品设计优劣的灵魂，那么，好的产品表现就是好的创意的催化剂。在整个产品的开发过程中，设计师在设计的不同阶段需要通过不同的手段来表达设计创意、传达设计信息，使相关人员能快速准确地了解设计思想，交流设计感受，对设计进行不同角度的评价。随着时代的发展和科学技术的进步，产品的表现方式和方法也在发生着翻天覆地的变革，从早期的手绘效果图，到后来的电脑平面效果图、三维效果图、动画表现等新的产品表现方式和方法层出不穷。在时代的发展中，所出现的每一种新的表现形式都没有完全取代以前的表现形式，而是只在某一方面作有益的补充。比如电脑效果图弥补了手绘效果图无法实现快速变换视角、尺寸表达不精确等不足，电脑动画表现改变了电脑效果图单一的静止画面，使产品呈现出异彩纷呈的动态效果，全景式表现产品。随着技术的进步，这些表现形式有可能会集合在某一种载体上，也可能会被新的表现形式所代替。如今，不同的表现形式在设计的不同阶段都在应用。就如同媒体传播形式一样，有些老年人虽然对互联网抱有热情，但还是习惯于从报纸或广播来获取信息；而对于年轻一代而言，互联网已经走进了生活的方方面面，俨然是他们的一种生活方式。随着计算机技术、互联网技术、传感技术、图形识别等技术的发展，一种表现更直观、更形象、互动性更好的工具——交互效果图，已悄然在业界开始流行起来，其形式上改变了动画的线性播放模式，呈现出一种操作者与虚拟产品互动的表达模式。操作者可以随心所欲地控制产品的动作，与之产生交互，不必像动画效果那样，按预先设定的线性播放。试想工业设计之父雷蒙德·罗维时代的设计师当时绘制效果图的艰辛，而现在设计师借助于高科技的手段，很多繁杂交错的工作都可以在鼠标点击下一蹴而就。为此，作者试图把这样一种更加新颖的表现形式展现出来，为读者表现自己的创意提供一种更加直观的表达形式，特编该书。

　　由于作者接触此技法时间不长，经验欠缺，书中难免有疏漏与不足之处，敬请读者批评指正。希望此书能激发读者的兴趣，起到抛砖引玉的作用，使更多关注此方面的读者加入到交流的队伍中，共同推动此技术的发展。如果大家在学习中有疑问或者需要交流的地方，请通过QQ:78448257或者E-mail:guaiguainiu@163.com联系我。希望大家多交流，共同提高。

赵　震

目　录
CONTENTS

引 言

第1章

工业设计中表现技法的特点

本章主要对产品设计中的表现技法进行归类，阐述了各种表现技法的特点，并且分析了各种表现技法在实际操作的优点与不足，同时指出各种表现技法适合的表现内容。

本章关键词： 表现技法；手绘效果图；二维效果图；三维效果图；交互效果图

产品设计中交互效果图表现技法

目前在设计界比较流行的表现技法有手绘效果图、电脑二维效果图、三维效果图、动画表现、交互效果图等。每一次表现技法的更替，都与新技术、新材料的出现密不可分。虽然每一种新技法的出现在表现形式和表现内容上与前者相比有较大的进步，但是，新的技法还无法完全取代之前的技法，在表现方法上互有优劣。就如传媒方式的发展一样，虽然互联网已进入寻常百姓家，但是很多人依然离不开报纸、广播等传统的传媒方式。原因也许是技法本身的差别，使其有不同的应用层面；也许是有些人怀旧，离不开已深入骨子的印记。

对比出现的各种表现技法，其中手绘效果图是从思维向视觉转化最快捷的方法，可以快速捕获设计师的灵感，并将其进行视觉化的表现。其表现方法比较自由流畅，随着设计师设计思维的变化，整个过程已跃然纸上。这种方式较少受时间、空间、工具的限制，可以随时随地地记录思维，但其表现的真实性和精确性上却有不足，如图1-1所示的手绘效果图（作者：李卓）。

电脑二维效果图是借助于一些常用的电脑二维图形图像处理软件如Photoshop、CorelDRAW而绘制的。此方法主要应用于概念设计阶段的表现方案上，能快捷地表现出产品各个侧面的材料质感与色彩效果，使客户与相关人员能清楚地看到所设计的产品更加真实的效果；其缺点在于表现手段不如手绘效果图自由、方便，如图1-2所示为使用Photoshop制作的二维效果图（作者：李卓）。

图　1-1　　　　　　　　　　　　　　　　　　　　图　1-2

三维效果图是通过常用的一些电脑三维软件如Rhino、Alias、3ds max等来完成效果图创建的。此方法使用起来比较严谨，受电脑硬件与软件的约束，适用于设计者最终表现自己的设计作品，向客户展示设计最终方案，或与结构设计师、模具设计师沟通等方面。此类工具一般包括建模与渲染两部分。建模可以准确地完成产品尺寸与结构的表达；渲染能形象真实地再现产品的色彩与材料质感。三维效果图的缺点是表现上不自由，受工具使用的约束，如图1-3所示为使用Rhino制作的三维效果图（作者：董悦龙）。

动画表现是比三维效果图更为高级的一种产品表现方式。它借用于动画片的制作语言，可以赋予产品故事情节来形象再现产品特色以及在使用环境下的使用效果。但这种方式制作上对电脑的硬件配置要求较高，并需要设计者具备一定的动画软件使用技巧。该方法的不足之处在于渲染完成后，一旦方案需要修改，就需要漫长的渲染等待时间，而且产品只是按创作者思路的线性展示，不具备交互性，观众只能被动地观看。

　　交互效果图是通过使用交互软件（如Virtools、Cult 3D、VR-Platform、Vega等）制作的，图1-4所示为使用Virtools制作的交互效果图。交互效果图技术较早应用于游戏行业和航空航天等领域，但由于制作技术逐渐普及和相关软硬件技术的发展，使这种技法逐渐受到设计师与企业的青睐。使用此方法制作的效果图能使产品与操作者之间产生互动，操作者可以根据自己的喜好更换产品的材料、色彩、部件、造型等，并可以实时地呈现出改变后产品的效果图，让操作者可以自己评价选择的结果。此方法也可以借助虚拟现实相关设备，如数据手套、空间位置追踪器等，来模拟人在使用产品过程中的真实感受，更能发现新产品在设计中存在的问题及不足。交互效果图也可用于产品的定制式设计方式。设计师可以通过建立的这种交互平台来掌握消费者对于此产品喜好的程度。当然，每个消费者也可以通过这样的平台来向企业发送订购申请，定制自己钟爱的产品，企业在设计产品之初就能按照模数化的方式进行设计，以满足客户个性化及情趣化的需求。

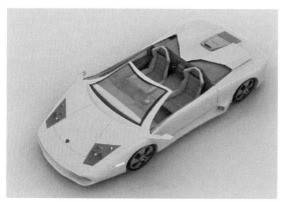

图　1-3

图　1-4

第 2 章

交互效果图中使用的软件

本章主要介绍了Cult 3D、VR-Platform、Vega、Virtools软件的使用特点、使用要求、操作特点、界面特点以及其适应领域，使读者能根据项目要求选择合适的制作工具。

本章关键词： Cult 3D；VR-Platform；Vega；Virtools

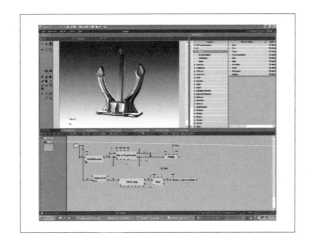

目前，制作交互效果图有多种实现平台，每种平台在操作方法上有所不同。有的比较适合网络上运行，有的对于大型工程项目有优势，有的在互动游戏制作上更容易上手。大多数互动平台，不具备创建模型的能力，但可以引入其他三维软件的模型作为素材，如Cult 3D、Virtools、VR-Platform等。但有些软件是提供整体的解决方案，形成从建模到互动"一条龙"的服务措施，如Vega。初学者一定要根据自己所从事的专业特点以及要表现的内容，合理选择使用工具。如果工具选择不合理，就可能会使项目事倍功半，甚至前功尽弃。下面就常用的软件特点进行说明。

2.1 Cult 3D

Cult 3D是Cycore公司开发的一种全新的3D 网络技术，它基于跨平台的3D引擎，可以把高质量图像、实时交互的物体高速送到所有网上用户手上，其目的是在网页上建立互动的3D物件。网页设计师可以利用Cult 3D技术制作出3D立体产品，将其放置在网页中，可以用鼠标或者键盘旋转、放大、缩小，实现三维互动，还可以加入多媒体音效和操作指南。图2-1所示为Cult 3D使用界面。利用Cult 3D的跨平台3D引擎，可以非常方便地在网页上进行产品的互动3D演示，使电子商务、企业新产品等实现更生动的在线宣传。

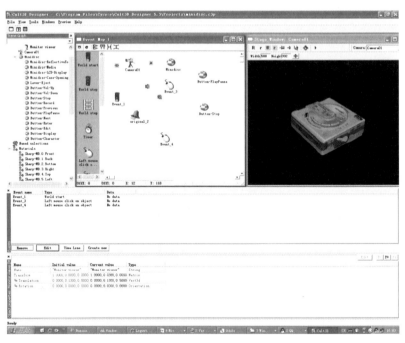

图　2-1

Cult 3D是一种全新的优秀电子商务方案，用它能创造出可以随时随地在网上可触摸、可感觉的产品，还可以和其他人一起玩网上游戏。该技术可以使用户非常真实地体验设计，定制和量化自己的产品，也可以使网络开发者和3D动画师们更好地完成工作。

2.2 VR-Platform

VR-Platform（VRP）是一款直接面向三维美工的虚拟现实软件，所有操作都是用美工可以理解的方式（不需要程序员的参与），可以使美工将所有精力投入到效果制作中来，从而有效地降低制作成本，提高成果质量。图2-2所示为VRP使用界面。 如果有良好的3ds max的建模和渲染基础，只要对VRP平台加以学习和研究，就可以很快制作出自己想要的虚拟现实场景。掌握了虚拟现实制作技术，等于开启了一扇通往另一处CG（Computer Graphics）乐园的大门，在这里，将获得比做平面效果图更多的乐趣，也将会在日益激烈的职业技能竞争中，立于潮头浪尖，而不至淹没在日趋饱和的CG从业大军的洪流中。目前，该软件在房地产项目、环境展示方面都有广泛的应用。

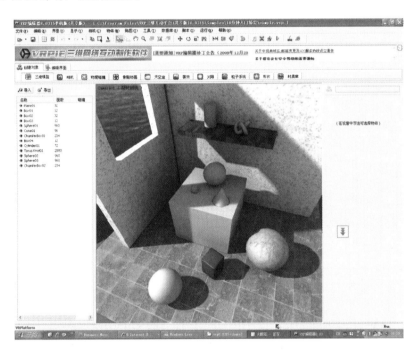

图　2-2

2.3 Vega

Vega是由Multigen-Paradigm公司专门针对可视化仿真行业应用特点开发的实时可视化三维仿真软件。它是一套完整地用于开发交互式、实时可视化仿真应用的软件平台，其最基本的功能是驱动、控制、管理虚拟场景，并支持快速复杂的视觉仿真程序，快速创建各种实时交互的三维环境，快速建立大型沉浸式或非沉浸式的虚拟现实系统。图2-3所示为Vega使用界面。Vega具有易用性、高效性、集成性、可扩展性、跨平台性等特点。目前，该软件主要应用在城市规划仿真、建筑设计漫游、飞行仿真、海洋仿真、地面战争模拟、车辆驾驶仿真、三维游戏开发等方面。

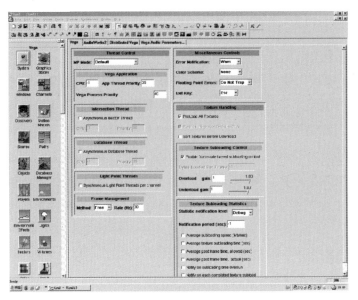

图 2-3

2.4 Virtools

Virtools是法国达索系统旗下的一套整合软件，具备功能强大的互动行为模块的实时3D环境虚拟现实的编辑工具，可以将常用的素材（包括3D模型和动画、2D图形和音效等）整合到一起，产生相应的动态行为，使静止的3D模型受使用者控制而产生不同的动作行为。软件中使用了即时运算方法，保证了其效果区别于通常的动画制作效果。图2-4所示为Virtools使用界面。目前该软件已经广泛地应用于游戏、建筑漫游、产品展示、教育训练等行业中。同时，用户也可以把作品发布到互联网上在线演示或者进行多人联机游戏。该工具对于学习者门槛较低，即使不具备编程能力，只要专心于此，同样也能得心应手地使用它。

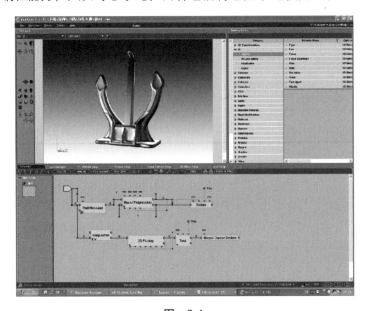

图 2-4

第  章

Virtools基本操作简介

本章主要介绍了Virtools软件的界面布局、使用特点，以及引入素材中需要注意的模型精度、单位、法线等问题。使读者初步掌握Virtools软件的使用规范及使用方法。

本章关键词： 3ds max；法线；模型精度；烘焙技术

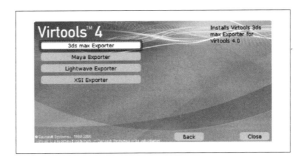

3.1 Virtools软件基本简介

Virtools启动画面分为五部分：最上方是菜单栏（Menu Bar）共由五大部分组成，分别是File、Resources、Editors、Options和Help。Help的右侧区域显示了当前开启的文件的名称及路径；左上方的区域是世界编辑器（3D Layout），可即时对3D物件进行操作和创建工具；右上方区域是资源区，软件中内置互动行为模块区（Building Blocks）及资源库（Resources）；下方长条形区域是行为编辑器（Schematic）和档案管理器（Level Manager），专门管理3D物件的互动效果及细节上的设置；最下方是状态栏（Status Bar），用于显示当前鼠标的状态与物体的空间坐标等信息。Virtools的界面布局如图3-1所示。

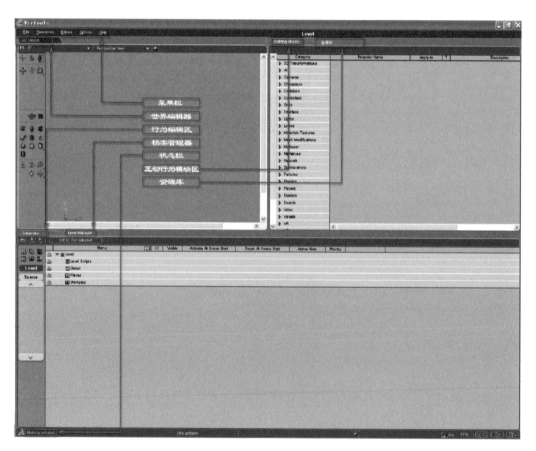

图 3-1

1. Virtools文档格式介绍

.cmo文件是Virtools本身所具有的文件类型，用于存储在Virtools环境中所编辑的场景，里边包括了所有引入的媒体素材与设置的互动行为关系。在存储的同时，Level（其中包含了场景中所有文件，并进行了分类管理）中的素材也一并存入文件中。

.vmo文件类型只能用于浏览器观看制作后效果，不可以进行编辑修改，无法用Virtools软件打开。一般在完成整个文件的制作后，输出成.vmo格式以观看制作成果。

.nmo文件类型是便于使用者编辑的一种文件类型，可以在编辑或者文件正在执行过程中载入.nmo文件。该格式可以存储3D模型、材质、贴图、声音等素材，在素材资源的管理上有很重要的作用。如所包含的文件已经撰写了Script脚本，也会存在该文件类型中。需注意的是，.nmo的类型文件不能存储Level类型中的资料，Virtools中规定一个.cmo文件只能有一个Level，如果需要载入其他的模型或素材，则不能包含Level的类型，否则会出现错误信息。故要动态载入其他模型或素材时，必须将文件存储成.nmo的文件格式。

.nms文件类型包含互动行为模块形成的脚本语言（Script）的资料。

2. Virtools的基本使用方法

Virtools本身不具备建模功能，编辑中用到的素材均来源于外部。常用的建模软件例如3ds max、Maya、LightWave等，能把其中的模型导入到Virtools中作为素材使用，然后根据创作的需要，对模型中需要设置行为动作的部分在Schematic图解式的编辑区中建立相应的分类，然后从Building Blocks（BB）中把需要的BB模块拖入到相应的区域内，按照BB模块的使用规范与设想来实现交互方式以搭建模块之间的关系。完成动作编辑后，文件可以通过File中的Create a web Page来创建网页的播放格式或者存为.vmo自播放格式，也可以制作成.exe的格式用于其他软件中。

3.2 从3ds max引入素材时需注意的技术问题

3.2.1 模型的精度

为了保证Virtools软件在PC上3D即时运算的环境下能顺畅地演示三维产品，尽量减小模型面的精度是至关重要的措施。如果面数过多将导致播放速度的降低，使观者难以忍受。那么如何在保证模型精度的前提下，减少模型的面数呢？常用的方法是采用低面模型结合贴图来完成，也就是说在创建模型中，用最少的面数完成基本造型的制作，然后产品细节用贴图来弥补。

在3ds max中创建多边形模型的方法有两种：第一种是用创建3D标准模型的方法，在标准基本体中创建标准几何体时，可以通过控制模型长、宽、高的分段数值大小来控制模型的精度，最后在修改面板中修改模型的造型样式，标准模型的段数如图3-2所示；第二种是先在二维创建面板中建立平面图形，然后在修改面板中运用编辑网格、挤出等工具来编辑形成三维物体。图3-3所示为编辑平面图形的步数，图3-4所示为编辑挤出图形的段数。其中平面图形可以用步数值的数量来控制面精度，挤出修改过程中可以通过分段值来形成低面模型。

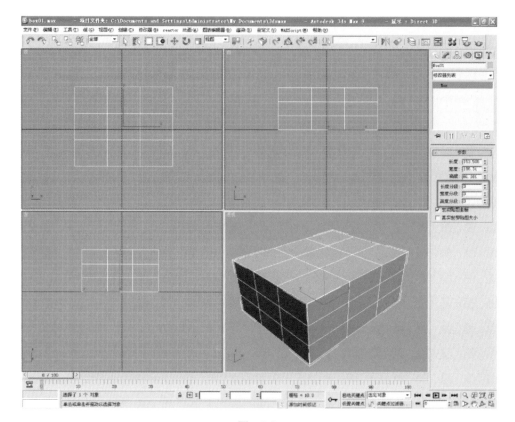

图　3-2

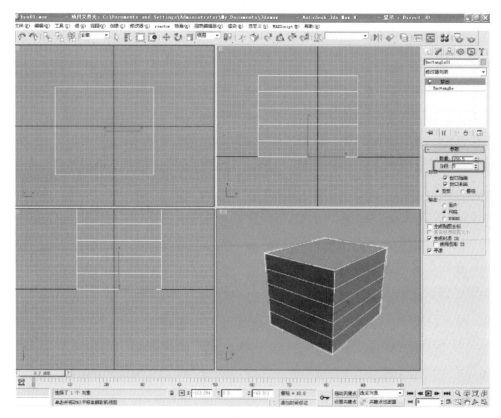

图　3-3

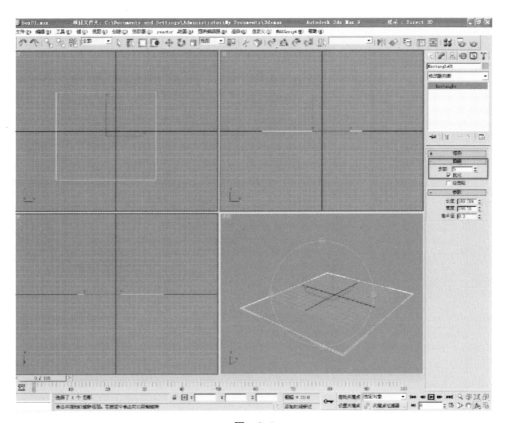

图　3-4

3.2.2　单位的确定

在制作项目时，经常多人合作，这样就应该统一单位，避免在合成模型时单位不一致而造成大小的变化，不同的制作者之间只要使用统一的单位，就可以避免这种情况的发生。有时，在3ds max中对模型进行了缩放操作，这样就造成模型导出到Virtools中后，程序在设定碰撞属性时出现判断错误等情况。避免这种情况的方法是在模型导出到Virtools前，对模型的Scale值重新设定为100或者使用XForm操作。因此，模型的单位设置对于Virtools 的项目制作相当重要。设置方法为：首先选择菜单中的"自定义" / "单位"设置，然后选择合适的单位，如图3-5所示。

图　3-5

3.2.3　法线问题

Virtools导入的模型经常会出现错误，其原因很多情况下是由于在3ds max中法线方向翻转所致。为避免这种情况的发生，在3ds max中要检查面（Polygon）是否出现反向的情况。方法是在编辑面板中选择Editable Mesh命令，然后在Face或Ploygon的属性里勾选Show选项，所选择的面能显示出法线的方面，如方向朝外，法线正确；反之，需要翻转法线，如图3-6所示。如果在3ds max中法线没有反向，比较稳妥的办法是将模型导出之前执行XForm命令，如图3-7所示。

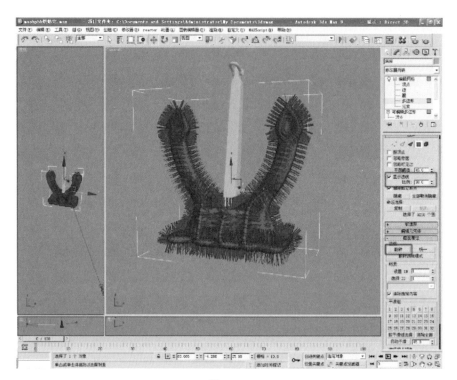

图 3-6

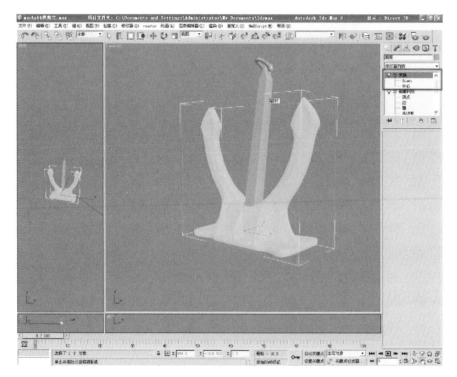

图 3-7

3.2.4　渲染工具（3ds max贴图烘焙技术）

在交互演示中场景表现追求的是真实，为此就要使用大量烘托场景的方法，如贴图、光影效果、特效等，这样就会影响演示的速度，使操作者不堪忍受。为解决此问题，贴图烘焙技术应运而生了。贴图烘焙技术是一种直接把光影烘焙到材质上的方法，也叫渲染到纹理（Render to textures），烘焙界面如图3-8所示。简单地说，贴图烘焙技术就是一种把max光照信息渲染成贴图的方式，然后把这个烘焙后的贴图再贴回到场景中去的技术。这样把光照信息变成了贴图信息，降低了CPU的负荷，所以能加快运算速度。

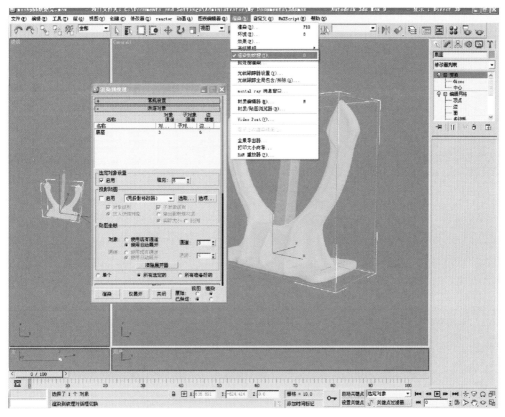

图　3-8

具体的烘焙方法如下（参考文件render to texture.max）：

1）在3ds max中建立如下场景文件，创建一个环结体和平面，并创建三盏灯光，主光灯设置阴影显示（图3-9）。

2）选择菜单中的"渲染"/"渲染到纹理"（图3-10）。

3）选择要烘焙的环结体，先选择地面，然后在输出上添加选项CompleteMap，贴图大小选择256×256，最后点击"渲染"（图3-11）。

以同样的方法烘焙环结体（图3-12）。

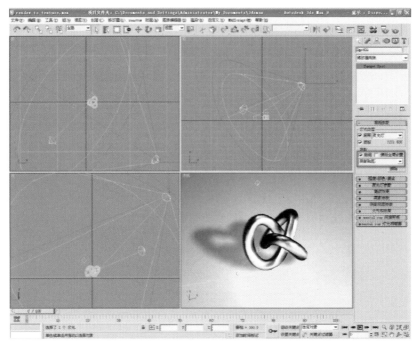

图 3-9

图 3-10

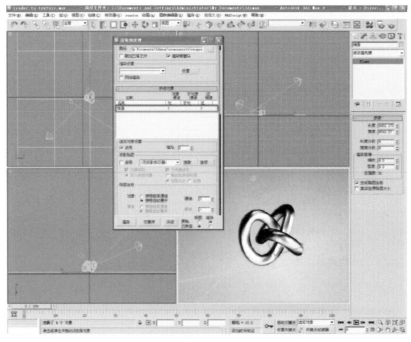

图 3-11

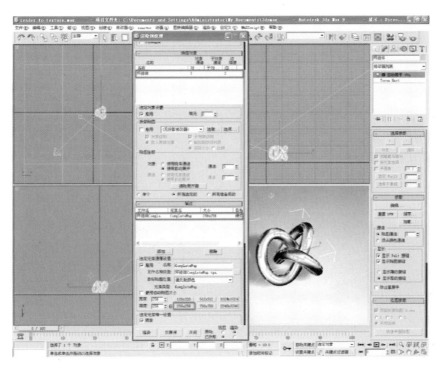

图　3-12

3.2.5　3ds max中制作Virtools素材的方法

3ds max中的模型和相关信息可以作为Virtools的素材，但是不能直接在Virtools中调用，需要提前在3ds max中安装插件后，才能在Virtools中调用（图3-13）。

图　3-13

制作Virtools素材的具体方法如下（参考文件render to texture.max）：

1）在3ds max中，选择菜单栏中的"文件"/"导出"，弹出"选择要导出的文件"界面，在"保存类型"中选择Virtools Exprot，文件名为Scene1.nmo（图3-14、图3-15）。

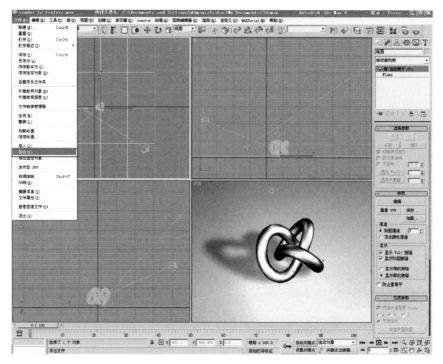

图 3-14

2）在Virtools Export中选择Export as Objects选项。Export as Objects主要用于一般的场景输出；Export as a Character主要用于人物角色的输出；Export Animation Only一般用于动作的输出。在Animation Options中，先取消Export Animation选择，在输出动画时再选择该选项，最后单击OK确认（图3-16）。

3）在Virtools中，单击Resources/Create New Date Resource，选择文件名为"素材

图 3-15

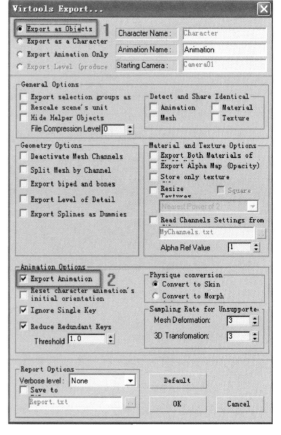

图 3-16

库"的.rsc文件，然后把Scene1.nmo文件复制到"素材库"文件夹所包含的3D Entities文件下（图3-17、图3-18）。

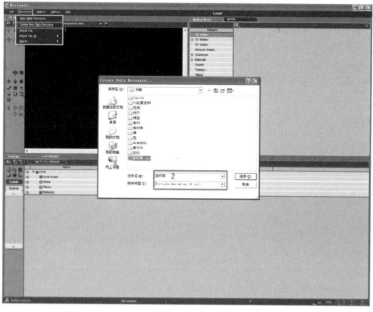

图 3-17

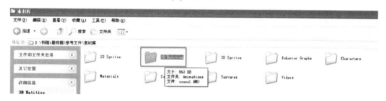

图 3-18

4）在Virtools中，打开"素材库"/3D Entities，把Scene1.nmo文件拖到3D Layout的空白区域，用视图缩放、旋转、平移工具把模型调整到合适的角度（图3-19）。

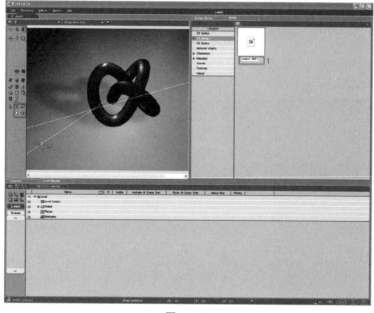

图 3-19

5）最后在Level Manage/Materials中，把地面和环结体材质的发光度Emissive的颜色设置为白色，这样烘焙的材质和光影才能恢复原貌（图3-20、图3-21）。

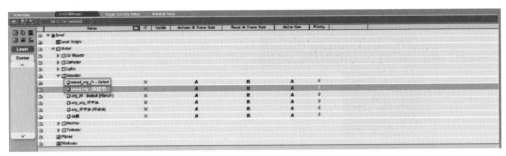

图　3-20

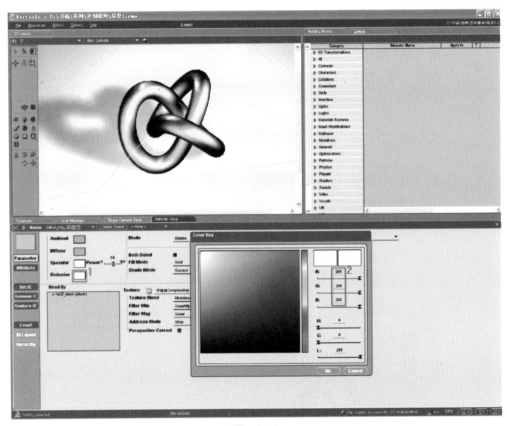

图　3-21

6）文件最终存储为"场景1.cmo"。

第4章

Virtools行为模块介绍与使用方法

本章详细介绍了行为模块的分类、行为模块的连接方法、行为模块参数的类别、参数的连接规则，以及行为模块组的特点和物件属性设定的方法。物件的动作都是由不同的行为模块按照一定的原则连接起来控制的，故掌握行为模块的使用规则是学习Virtools工具最重要的部分。

本章关键词： 行为模块；行为模块组；物件属性

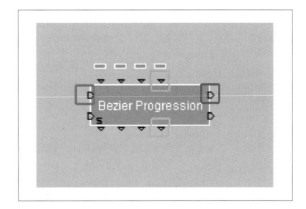

在即时运算的虚拟软件中，互动性的设定是非常关键的，即人与虚拟场景中物件的互动。人通过控制让物件产生动作，称为行为。在Virtools中，支配互动功能的部分称为行为模块，英文为Building Blocks，简称为BB，意思是堆积木。通过意译可推断Virtools建立互动行为的方式类似堆积木，按照一定的规则以及BB之间的逻辑关系来构成一个完整的行为动作。

4.1　行为模块的介绍

在Virtools中共有500多个BB，对于操作者来说，困难的不是如何使用这些模块，而是如何尽快地找到它们所在的位置。为此，在Virtools中把这些繁杂的模块进行了分类，方便初学者进行查找。当然，要熟悉每一个BB所在的位置还需要使用者煞费一番苦心。Virtools中BB的类型及功能说明见表4-1。

表4-1　Virtools中BB的类型及功能说明

名　称	功　能　说　明
3D Transformations	处理3D物件的基本属性，包括坐标位置（Position）、尺寸（Scale）与方位角（Orientation）。其他功能包括3D物件的动态控制（Animation）、移动限制（Constraint）、位置控制（Movement）等，需要特别注意的是Curve与Nodal Path也是放在这个位置，并没有独立出来
Cameras	该类别比较简单，从字面上就可以知道含义。Basic中包含了基本的摄像机属性；Movement中是关于物件移动的功能；FX指的是特殊效果
Characters	该类别主要针对角色物件进行设定，故独立出来，处理的功能类似于3D Transformations，所以内部的项目几乎一样，只是多了一个IK项
Collisions	处理碰撞的功能均在此处，具有多种碰撞的设定方式，对于3D Object或是Charaters都有适合的设定。在Virtools中有些BB的功能和直接增加物件属性的效果是一样的，例如Floor/Declare Floor或是Obstacle/Declare Obstacles能针对所作用的物件增加Floor或是Obstacle的属性
Controllers	处理常用的Input Device的功能，如摇杆、鼠标、键盘和MIDI
Grids	处理Virtools中Grid物件的功能。Grid物件可以在Virtools中生成，主要用于碰撞效果的制作，可以探测当前Object的所在区域范围
Interface	主要处理2D界面的功能，例如按钮效果制作、文字显示、动态控制栏等
Lights	处理灯光效果，功能同于Cameras。控制灯光基本的功能都放在Basic中，光晕、Lightmap等特殊效果放在FX里面
Logics	主要处理逻辑运算、比较抽象的物件，如决定流程走向的Streaming，处理循环的Loop，可处理不同数据运算的Calculator，负责做判断的Test等，是属于逻辑运算处理的部分。其他的如Array、Attribute、Group、Message与String，属于处理比较抽象的物件，也放在此位置
Material-Textures	处理不同物件上的材质，以及贴图信息
Mesh Modifications	处理3D物件的Mesh，只要涉及变形的功能，都放在这里。另外LOD属性设定也在此

（续）

名　　称	功 能 说 明
Narratives	主要针对整个档案中物件的管理，包括Config：可以从Windows的Registry写入或读取一些设定信息；Object Management：Object的建立、载入、删除等，其中Object可以是3D模型、声音或是贴图；Scene Management："场景物件"的管理，决定显示哪一个场景的内容；Script Management:控制Script的执行与否
Optimizations	针对场景、场景中的物件最佳化和场景执行中的一些数值进行统计，如Frame Rate、处理的面总数、着色所花费的时间等，主要为了能调整出更加流畅的画质
Particles	对粒子运动系统的功能进行设定
Shaders	设定取得着色器相关参数与资料。需要注意的是在3.0版本以前的Texture Render，已经并入了Render Scene in RT View(Shader/Rendering)中
Sounds	制作音效、音乐的功能，基本的声音属性调整在Basic中可以找到，另外也能生成3D Sound效果
Video	Virtools3.5版本后新增加的功能，主要负责影片的播放控制。影片的来源包括光盘上的视频文件、摄像机拍摄的影像文件等
Visual	处理一些视觉效果的功能。属于特殊效果的部分如阴影、倒影、Motion Blur等，在Shadow中；比较特别的是2D物件（2D Frame与2D Sprite）也放在此位置的2D中；物件的显示与隐藏处理则放在Show-Hide中
VSL	Virtools 2.5 版本后新增的功能，是Virtools Scripting Language的缩写，在Virtools编辑环境中，可以使用类似C语言的软件撰写自己需要的功能，比较适合习惯写程序的客户使用
Web	处理与Web相关的功能，较常见的有Navigation/Go To Web Page。要注意的是，这个BB执行一次就要停止工作；另一个是Scripting/Browser Script，可以在Virtools中写JavaScript或是VBScript
World Environments	处理场景的背景图片（Cube Map）与背景颜色

　　了解了Virtools的BB功能与所处位置后，下面就要根据需要完成的任务对相关的BB进行组建，以形成相应的关系。具体需要四个过程：需求的功能分析、绘制流程图、可运用的BB和搭建BB关系。

1.需求的功能分析

　　首先，需要对想要实现的功能进行分析，在多种方法中，分析出一种思路最清楚、最可行的方法。如果方法不当，后面在撰写BB时，可能会前功尽弃。一旦方法确定下来，最好将所有的变量量化，并确定好变量之间的关系。

　　如给定一个平面Plane和一个Cube，完成的交互内容如下：①在Plane的任意位置单击鼠标左键，在该位置将出现一个Cube；②当单击场景中的Cube时，该Cube即被删除。

2.绘制流程图

　　该步骤主要是对逻辑可行性进行确定，一旦发现错误，可以在此处先进行修改，以免在撰写BB的过程中发现错误而花费大量的时间修改。通过绘制好的流程图，可以清楚地了解执行流程的情况。

图4-1为进行功能分析后所绘制的流程图。

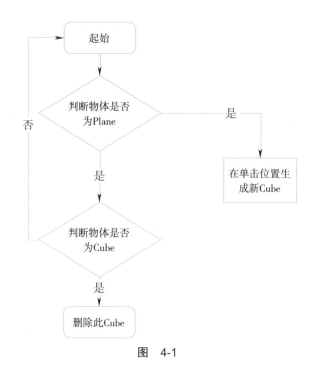

图 4-1

3.可运用的BB

绘制完流程图后，按照流程图中的每一个步骤找到能实现该功能的BB，然后将这些BB放到Schematic中编辑。Virtools中提供了常用的BB，同时包含很多的逻辑运算的功能，所以这些BB已经可以满足使用者的大部分需求。

图4-2为所需BB。

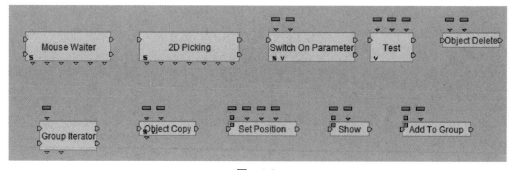

图 4-2

4.搭建BB关系

在组建这些BB的关系中，使用者最好把整个过程先进行分解，分成若干步骤。首先确定先执行的BB（可能是一个，也可能是多个），将其拖入到Schematic中进行编辑，并对相关的参数进行设定；然后再进行测试，检查是否存在错误信息，如果没有任何错误信息，达到了设定的输出要求，就可以加入其他所需要的BB；重复以上过程，直到完成全部的功能。如果对BB的使用没有十足的把握，千万不可将整个参数设定完成，如果流程连接后，再去检查执行的结果，一旦整个流程中某处有问题，那么想要查找错误点就非常麻烦。此外，在查找过程中，可以打开trace功能，通过红色的连接线和红色的线框，可以看到流程的执行状况。如果流程执行的速度太快，可以在play键上单击鼠标右键，在设置的对话框中改变Frame rate的限制数值，再重新开始执行，这样会容易观察。

图4-3为连接BB后的框架图。

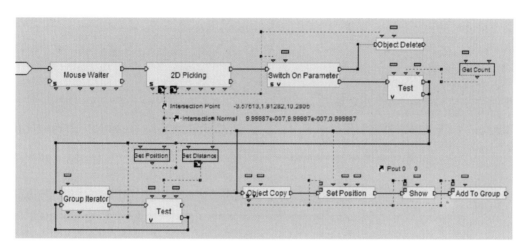

图　4-3

4.2　行为模块的连接方式

控制物件速度的BB是Bezier Progression。在使用过程中，它分成水平和垂直两部分进行连接，其中水平部分主要是对于流程的控制，而垂直部分主要是进行参数的信息控制与交换。行为模块结构如图4-4所示。

首先从水平方向上，左边是流程输入（Input），如图4-4中红色框所标；而右边是流程输出（Output），如图4-4中蓝色框所标。从垂直方向上，位于BB上边的是参数输入（Parameter Input），如图4-4中绿色框所标；而位于BB下边是参数输出（Parameter Output），如图4-4中黄色所标，主要呈现该模块计算后的结果，以备传给其他的BB。

在使用BB的过程中，有时一个BB就可以完整地控制物件来完成互动要求，如Rotate旋转，它单独就能控制物件的旋转动作，不需要其他BB辅助。而有些BB在使用时，必须与其他BB进行组合才能完成相应的控制，如Send Message负责发送信息，如果让其能产生互动，则必须有接受信息的BB才能产生互动。

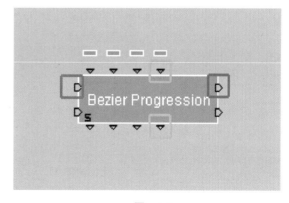

图　4-4

4.3 行为模块的流程控制

在Virtools中，设计者所创建的BB组合（也就是所说的 "积木"）执行起来是按照流程的连接关系进行的，通过流程控制整体互动的执行状况。在流程的控制方式上可以按照不同的类型来实现流程的不同流向，下面对常用的三种状态进行介绍。

4.3.1 单向模块

单向模块执行过程图如图4-5所示。该类型模块只有一个流程输入（Input）和一个流程输出（Output），连接起来非常方便，一进一出。如像3D Transformations/Basic/Translate，其中只有In和Out分别表示流程输入和流程输出。可按照如下顺序执行：

1）Translate未被激活。

2）流程输入端（In）被激活，Translate开始工作。

3）Translate按照参数输入中的设定工作。

4）按照参数输入端的参数执行完后，流程输出端（Out）被激活，Translate停止工作。

5）Translate停止工作后回到1）的状态。

单向模块具体的使用方法如下：

1）在Virtools中，打开文件名为"场景.cmo"的文件。采用缩放、旋转、平移视图，把模型调整到合适的视角（图4-6）。

2）创建照相机。在Level Manager中，点开Cameras，在New Camera上单击鼠标右键，选择Set

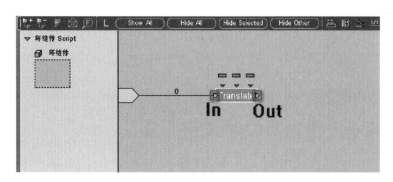

图 4-5

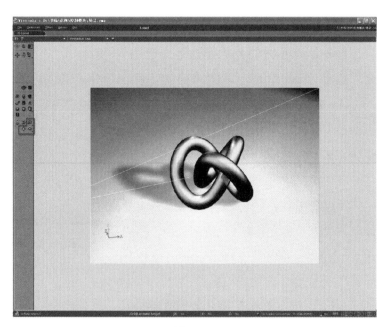

图 4-6

Initial Conditions对场景进行初始化设置（图4-7）。

3）点开3D Objects，在环结体上单击鼠标右键，选择Create Script创建行为编辑区（图4-8）。

图　4-7

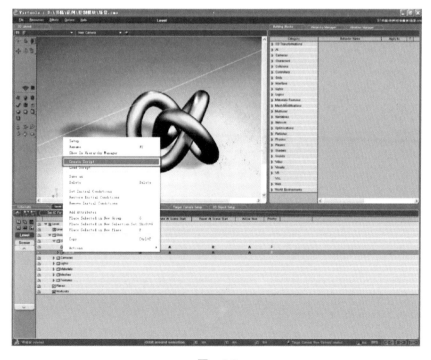

图　4-8

4）切换到Schematic行为编辑区中，从Building Blocks/3D Transformations/Basic中选择Translate 行为模块，拖动到环结体Script中（图4-9）。

5）连接BB的In端口 和开始端Start，鼠标双击Translate，打开参数设置面板，Translate Vector分别是指物体的X、Y、Z 的位置，Referential是参照物。在此设置X为10、Y为0、Z为0，Referential为环结体（图4-10）。

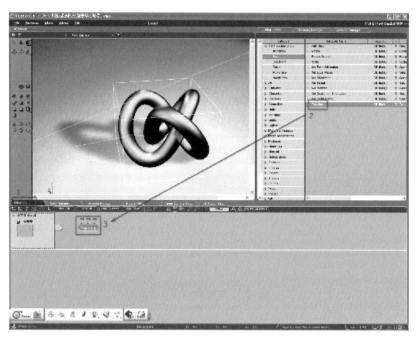

图　4-9

图　4-10

6）单击右下角"播放"按键，在3D Layout中模型向右移动10个单位，即停止执行，回到未激活状态。如果把Translate的Out端口连接到In端口，就能实现循环运行该模块，直到停止播放（图4-11）。

图 4-11

4.3.2 循环模块

该类型模块不仅包括流程输入（In）与流程输出（Out），而且还有循环输入端（Loop In）和循环输出端（Loop Out）。如Bezier Progression（Logics/Loops/Bezier Progression）是实现数值渐渐供给效果的行为模块。在水平方向上包括四个端口：流程输入（In）、循环输入（Loop In）、流程输出（Out）和循环输出（Loop Out）；在垂直方向上包括四个参数输入和四个参数输出，如图4-12所示。下面对于该行为模块的工作方式进行说明。

1）Bezier Progression未被激活。

2）流程输入端口（In）被激活，该模块开始工作。

3）Bezier Progression读取参数输入时间和变量数值，并开始运行。

4）流程方向转入循环输出与循环输入之间运行（一般情况下，在循环输出与循环输入之间要连接起来）。

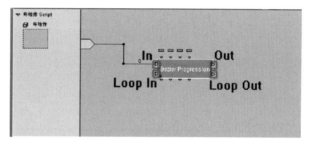

图 4-12

5）持续执行循环输出与循环输入之间的连接关系，直到满足参数输入端设定的时间数值：3s。

6）3s后，流程从循环输入转移到流程输出，故流程输出（Out）被激活，该BB停止工作。

7）Bezier Progression停止工作，回到1）的初始状态。

循环模块具体的使用方法如下：

1）打开文件名为场景1.cmo的文件，切换到Schematic行为编辑区的环结体Script中，从Building Blocks/Logics/Loops中选择Bezier Progression，继续选择3D Transformations/Basic中的Translate和Rotate行为模块，将二者分别拖到环结体Script中（图4-13）。

2）分别连接开始端Start和Bezier Progression行为模块的In端，将Bezier Progression、Translate、Rotate三个模块连接起来（图4-14）。

3）修改Bezier Progression的参数类型，把参数A和B的类型从Float修改成Angle，并设置A为90，B为120，Duration时间区间S为1（图4-15）。

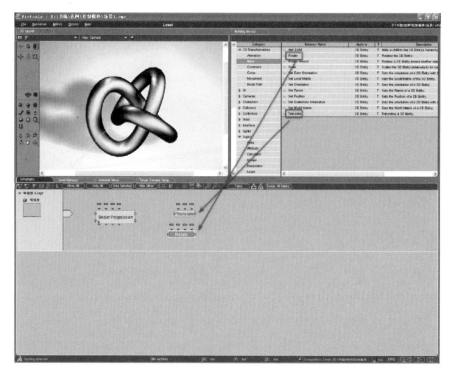

图 4-13

图 4-14

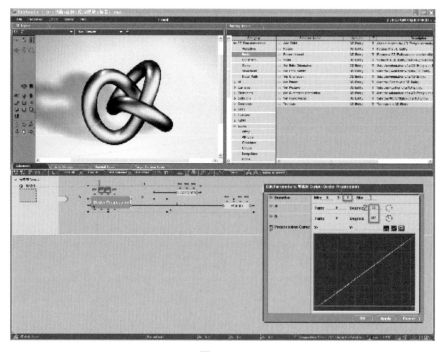

图 4-15

4）修改行为模块Translate和Rotate的参数数值大小。行为模块Translate中Translate Vector的X、Y、Z数值代表在不同轴向的位移量和方向；行为模块Rotate中Axis Of Rotation的X、Y、Z数值代表旋转的参照轴，1表示参照此轴，0表示不参照此轴（图4-16）。

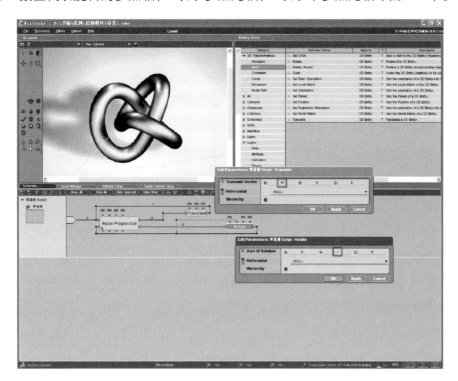

图　4-16

5）连接行为模块Bezier Progression的参数输出端Delta与Rotate的参数输入端Angle Of Rotation，表示从Bezier progression中参数A和B数值区间中取值，缓慢地传输到Rotate的Angle Of Rotation中，以此来控制旋转量（图4-17）。

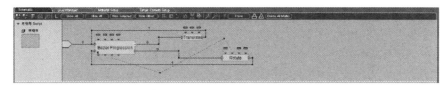

图　4-17

6）单击1处"初始化"按钮，并播放文件。可以看到执行的流程是行为模块Bezier Progression在1s的时间内，执行Loop out和loop in之间的模块连接，环结体缓慢地从90°旋转到120°，1s结束后，启动Out端，连接行为模块Translate，然后回到初始端，循环执行（图4-18）。

图　4-18

4.3.3 可控模块

可控模块一般包括开（On）与关（Off）的功能端，可以控制流程执行到此的开与关，这样设计者就可以自由设定流程中某些功能的运行与停止的状态，达到主动控制的目的，而不至于按照流程的连接自由地运作。例如Chrono行为模块，其功能是计时，类似于田径运动中用的秒表，能计算某一过程所经历的时间。当On端被激活时开始计时，直到Off 端启动，则停止运行，使用者可以在参数输出的Elapsed Time参数上得到时间值，显示出第一次On被激活到第一次Off被激活时所经历的时间（图4-19）。

下面以Chrono行为模块为例介绍其工作流程：

1）Chrono未被激活。

2）开（On）端启动，Chrono开始运行。

3）Chrono没有参数输入项，故能直接开始运行。

4）随后将启动Exit On。

5） Chrono会持续地回到2）执行开（On）。

6） 直到关（Off）端启动，停止原来循环。

7） 关（Off）被启动，随后启动Exit Off。

8） Chrono停止运行，并回到1）状态。

可控模块的具体使用方法如下：

1）创建一个2D Frame和一种材质Material，分别命名为Display Time（图4-20）。

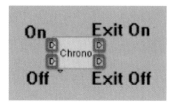

图　4-19

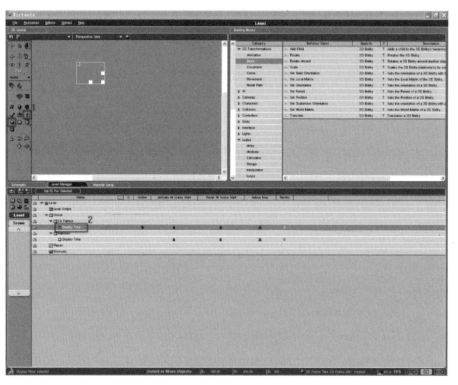

图　4-20

2）在3D Layout中，缩放并移动Display Time到合适的位置。然后在Level Manager中，鼠标左键双击 2D Frames下的Display Time，进入到Display Time编辑界面，将Material设置为Display Time ，表示为2D Frame赋予了材质（图4-21）。

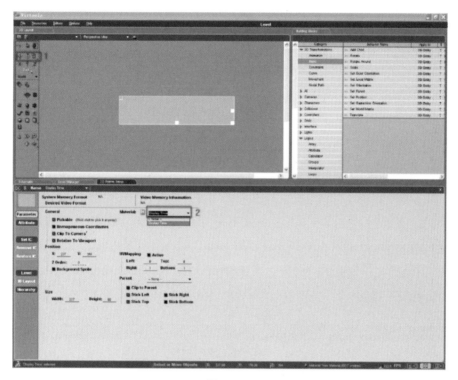

图　4-21

3）单击Show Material Setup进入材质编辑界面，调整Diffuse的颜色值，设置R：255，G：0，B：0，H、S、L都为255（图2-22、图2-23）。

图　4-22

图　4-23

4）在2D Frames/Display Time上单击鼠标右键，选择Create Script为其创建行为编辑区，然后切换到Schematic（图4-24）。

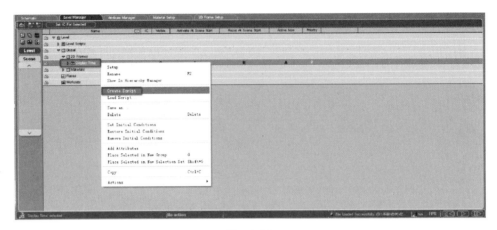

图　4-24

5）将Building Blocks/Contronllers/Keyboard/Switch On Key和Logics/Loops/Chrono拖动到Display Time行为编辑区的空白处。连接Switch On Key和Chrono两个行为模块，并双击Switch On Key打开设置窗口，分别设置控制键为Num1和Num2（图4-25）。

图　4-25

6）在Level上单击右键，选择Create Script创建行为编辑区，并更名为Font。切换到Schematic中，创建字体显示功能，分别将行为模块Interface/Fonts/Create System Font和Set Font Properties以及Interface/Text/2D Text拖动到Font行为编辑区，连接方式如图4-26、图4-27所示。

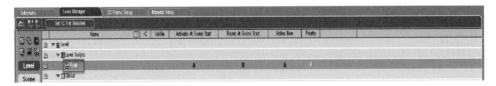

图　4-26

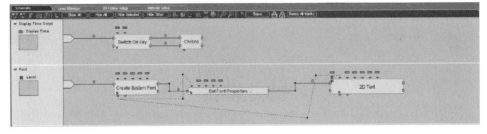

图　4-27

7）设置Create System Font的参数，Set Font Properties的参数保持不变（图4-28）。

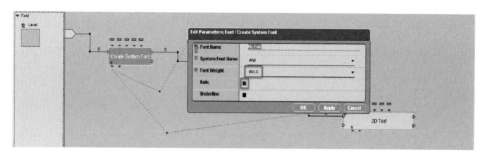

图　4-28

8）设置2D Text参数（图4-29）。

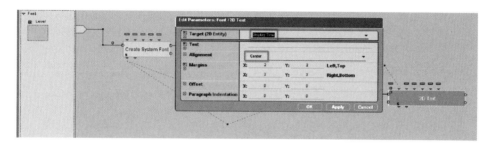

图　4-29

9）在Font行为编辑区的空白处单击鼠标右键，选择Add Parameter Operation（参数运算），并设置参数类型，单击OK确定。同样在Font行为编辑区空白处单击鼠标右键，选择Add Local Parameter（建立本地参数），并设置参数类型，单击OK确定（图4-30、图4-31、图4-32、图4-33）。

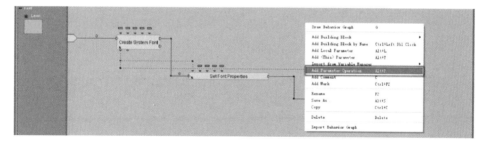

图　4-30

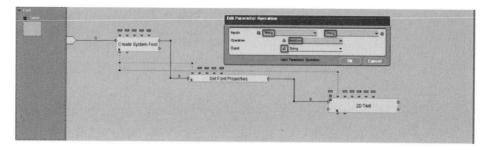

图　4-31

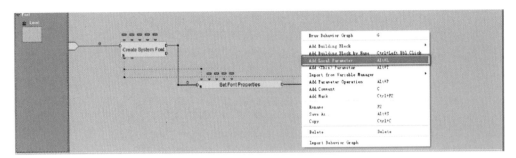

图　4-32

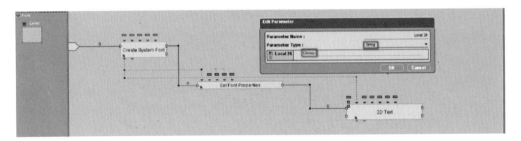

图　4-33

10）在Display Time Script行为编辑区Chrono的参数输出上单击鼠标右键，选择Copy（图4-34），将该参数作为Addition的一个参数来源，建立方法是在Font行为编辑区的空白处单击鼠标右键，选择Paste as Shortcut（图4-35）。

图　4-34

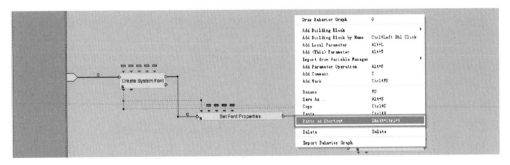

图　4-35

11）分别将两个参数与参数加法运算Addition的参数输入端连接，并将Addition的参数输出端与2D Text的参数输入端的Text连接（图4-36）。分别修改Addition的两个输入参数，使其显示数值，方法是分别在参数上单击鼠标右键，选择Value显示方式（图4-37）。

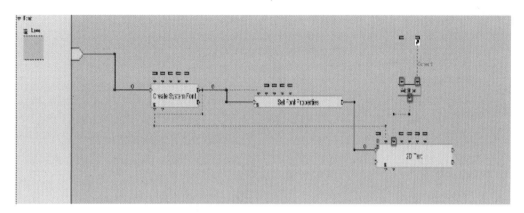

图　4-36

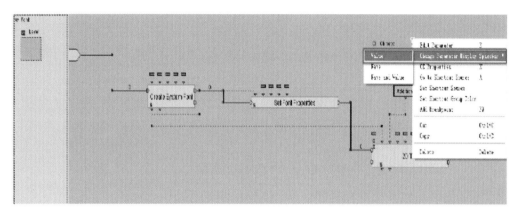

图　4-37

12）单击右下角1"初始化"按钮，单击2播放文件，测试设置效果（图4-38）（参考文件可控1.cmo）。

图　4-38

4.4　行为模块的参数控制

4.4.1　参数的概念与类别

Virtools中参数的概念与编程软件中参数的概念一样，对特指的应用而言，它可以是赋予的常数值；对泛指的情况而言，它可以是一种变量，用来控制随其变化而变化的其他的量值。一个参数的构成基本包括名称、类别和数值三部分，这三个基本属性的不同体现了参数之间的区别。图4-39所示是3D Transformation/Basic/Scale这个行为模块的参数，从图4-39中可以看

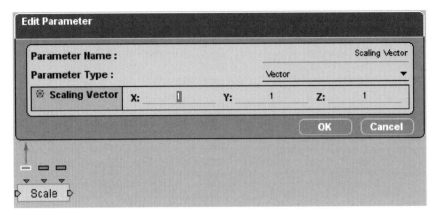

图 4-39

出，此模块所具有的参数名称Parameter Name为Scaling Vector，当然也可以修改成易于记忆的名称；参数类型Parameter Type为Vector向量类型；所具有的数值大小描述了在不同的轴向上的缩放比例。

在设定参数的过程中，需要注意的是参数的类别，不同类别的参数之间的连接是受到限制的。常用参数的类别见表4-2。

表4-2　常用参数的类别

参 数 类 别	表 示 方 法	说　　　明
Integer	10	整数
Float	3.1415926	浮点数
Percentage	80%	百分比，从1到100之间，如果转换到浮点数则是0到1之间
Quaternion	（2，0，0，0）	四元数，可以表示方位角
Time	10m，20s，200ms	表示时间，m表示分钟（minute），s表示秒（second），ms表示毫秒（millisecond）
Vector	（3，4，5）	三维向量，表示方向或是位置
Vector 2D	（120，200）	二维向量，表示方向或是位置
Color	（100，255，0，0）	表示颜色，分别为（R，G，B，A）的数值，其中R（Red）为红色，G（Green）为绿色，B（Blue）为蓝色，A（Alpha）表示图片透明度，每一个数值的取值范围在0～255之间
Angle	1：80	表示角度（degree），前边部分表示旋转圈数，后边表示旋转角度（360°为1圈）
Boolean	TRUE	逻辑参数，通常为TRUE或是FLASE，表示状态的真假
Euler Angle	0：80，0：80，0：80	尤拉角，分别表示与X、Y、Z轴的夹角

4.4.2　参数的使用规则

在行为模块的使用过程中，除了流程的连接关系外，参数之间的连接与设定对于流程的正常运行也起着重要的作用。参数之间建立关系首先要注意参数输入与参数输出的对应关系，不同的BB模块中，不能同时连接参数输入或者参数输出；其次要保持参数类型之间的一致性，有些类型的参数连接是受限制的；最后要注意参数数值的设定，根据实际需要为参数赋予合理的数值。

图4-40所示是2D Text（Interface/Text/2D Text）的行为模块，主要控文字信息。红色圆圈处为参数输入端，从图4-40可知，该BB包括7个参数输入端，分别对文字的各种属性进行设定；蓝色圆圈处是参数输出端，该BB有两个参数输出端；黄色圆圈处是参数（Parameter），可以根据设计者的需求来改变参数的数值类型与大小。在BB中参数与参数输入端使用的要求是不同的，以2D Text为例，可以将该行为模块想象成在游乐园中的一辆过山车，而参数输入端就是车上提供的座位，参数即是坐在座位上的游客。车上提供了若干个座位，但是不一定有人去坐，也就是参数输入端上如果没有参数进行连接，从使用上是允许的，就相当于过山车的座位上没有游客。当有其他的参数要输入到该行为模块时，必须连接到参数输入端，不能与参数连接。

在参数连接过程中，还要注意连接的参数类型要一致，或是可以转换的参数类型。同类的参数连接时采用深蓝色的虚线，如图4-41所示；可以转换的参数连接时以深绿色的虚线表示，并有Convert字样提示，如图4-42所示；再有，连接时注意连接线上的两端不能同为参数输入端或是参数输出端，必须一边是参数输出端，另一边是参数输入端，否则连接线会断开，如图4-43所示。

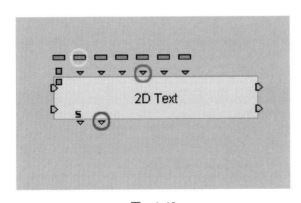

图　4-40

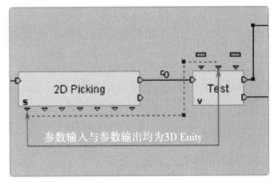

图　4-41

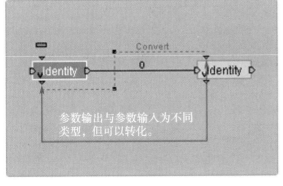

图　4-42

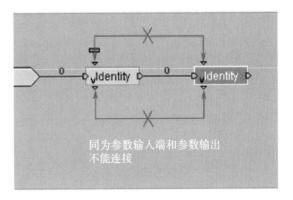

图　4-43

4.4.3 常用的可转换的几种参数

前面的内容中论述到连接时应注意参数之间的可转换性，下面举例说明能转换的几种参数。

1. 两种参数间可以转换（以浮点数与整数为例）

两者之间的参数能自动转化，不需要其他过程即能实现参数的输入与输出（图4-44）。

2. 一个参数可以从另一个参数中抽离所需部分（以向量与浮点数为例）

在两个行为模块的参数信息传递中，其中的一个为向量，可以从中选择X、Y、Z中的一个数值来作为另一个BB的参数。此时，界面会提醒操作者进行参数的选择与确认（图4-45）。

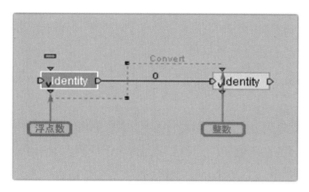

图 4-44　　　　　　　　　　　　　　　图 4-45

4.4.4 参数运算的方法

在Virtools中，不仅需要行为模块之间建立一定的关系，而且还需要对于行为模块中的参数之间进行运算（Parameter Operation），如数值的加减等。常用的运算有以下几种：

1）参数之间的数学运算，如加、减、乘、除、正弦、余弦、平方等。图4-46所示为参数减法运算，表示C=A-B。

2）参数之间的类型转换，如3D实体（3D Entity）向3D物体转换（3D Object）、浮点数（Float）向整数（Integer）转换等。图4-47所示为参数A转换为参数B。

3）获取信息的方法，如获取位置坐标（Get Position）、尺寸的大小（Get Scale）、空间朝向（Get Dir）等。图4-48所示为从参数A 获取信息转化成参数B。

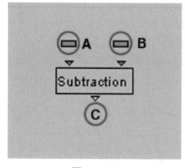 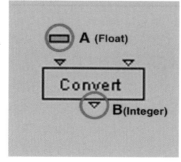 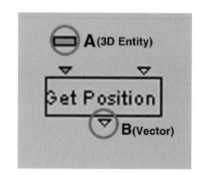

图 4-46　　　　　　　　　图 4-47　　　　　　　　　图 4-48

4.4.5　参数运算范例

完成参数运算基本可以分为三个过程。

1. 建立运算关系

1）在Level Manage中Level上单击鼠标右键，选择Creat Script，创建一个Level Script
（图4-49）。

图　4-49

2）进入Schematic中，在Level Script空白区域单击鼠标右键，在弹出的窗口中选择Add
Parameter Operation建立起参数运算关系（图4-50）。

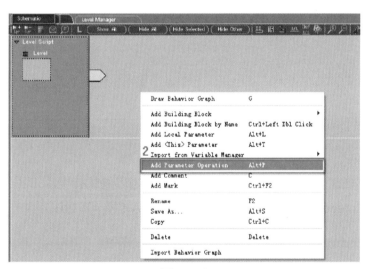

图　4-50

3）选择Inputs、Operation与Ouput中适合的选项，以确定参数类型与运算方法（图
5-51）。

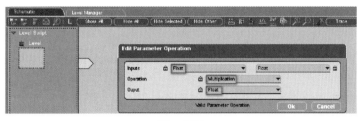

图　4-51

4）单击参数运算上方的小方框进行参数设置，左边参数设置成50，右边参数设置成6（图5-52）。

5）设定完成后，在参数上单击鼠标右键，显示状态如图4-53、图4-54所示。

图　4-52

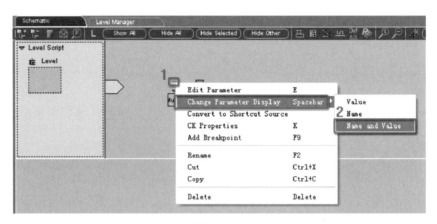

图　4-53

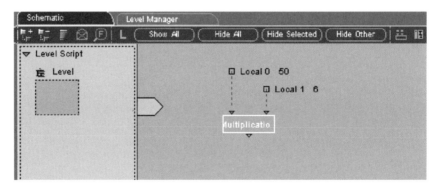

图　4-54

2. 确定数据来源

1）从Building Blocks/Logics/Calculator中选择行为模块Identity，并拖动到Level Script中，该模块能存储所计算的数值，以便随时从中取出数值（图4-55）。

2）修改Identity的参数类型，在上方的倒三角处单击鼠标右键，在弹出的Edit Parameter界面中把参数类型设置为Integer，按OK键确认（图4-56）。

3）连接Multiplication的参数输出端（也是POut 0端）与Identity的参数输入端（也是PIn 0端）（图4-57）。

4）连接该控制组左边的Start与行为模块Identity左边的流程输入端（In）（图4-58）。

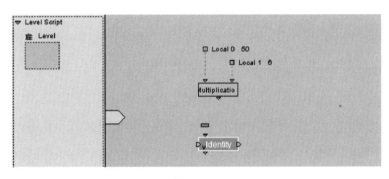

图 4-55

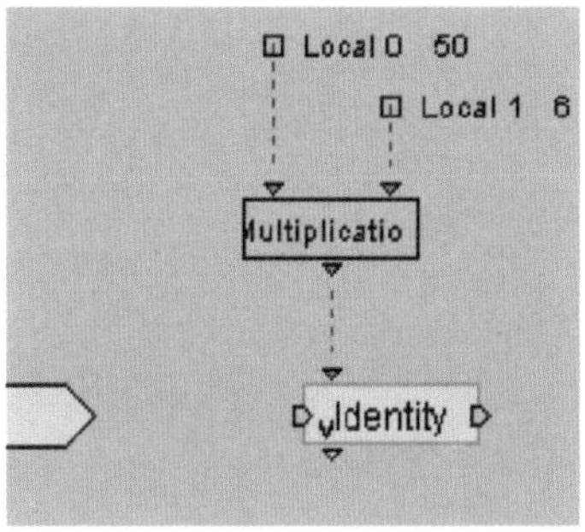

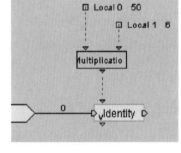

图 4-57

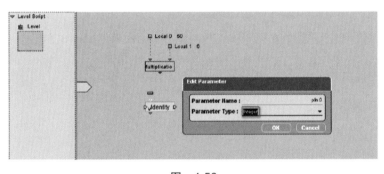

图 4-56

图 4-58

3. 结果显示

1）在Building Blocks/Interface/Text的行为模块中，选择Text Display拖动到Identity的右方，并连接Identity的流程输出端（Out）与Text Display的流程输入端（In）（图4-59）。

2）连接Identity下方的参数输出端（POut）与Text Display的Text参数输入端（PIn）（图4-60）。

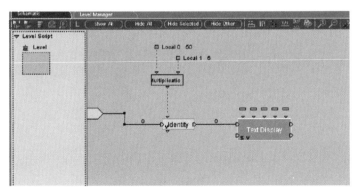

图 4-59

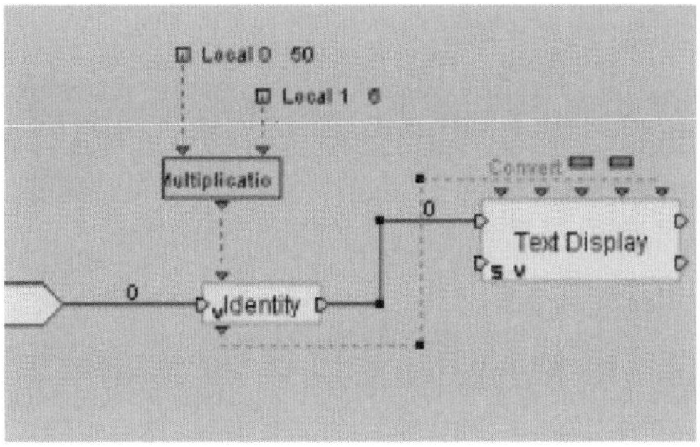

图 4-60

4. 测试

最后可以预览效果，单击界面右下角的1"初始化"（Reset），然后再单击按钮2预览效果（图4-61），此时在3D Layout的左上角会出现计算结果。

图 4-61

4.4.6　行为模块组介绍

在使用行为模块的过程中，由于界面空间有限，有时为了完成复杂的行为方式，需要把某些相关的行为模块组合在一起使用，这样就构成了行为模块组（Behavior Graph）。同时在行为模块组中还可以嵌套一些行为模块组。当需要修改某一个行为模块组时，可以通过双击鼠标左键打开，需要关闭时，同样双击鼠标左键即可，组合的名称也可根据需要进行修改。

创建一个行为模块组的方法如下（参考文件可控1.cmo）：

1）首先在Schematic的Font的空白区域中单击鼠标右键，选择Draw Behavior Graph，然后按住鼠标左键选中所包括的三个行为模块，松开鼠标左键（图4-62）。

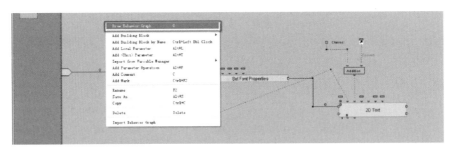

图 4-62

2）把BG（Behavior Graph）组的In 0端与Create System Font行为模块的In端连接，即建立一个BG组。如果该BG组后面还要连接其他模块，还可以为其增加流程输出端。方法是：在该BG组上，单击鼠标右键，选择Construct/Add Behavior Output，然后把行为模块2 D Text的Exit On端和Out 0端相连（图4-63）。

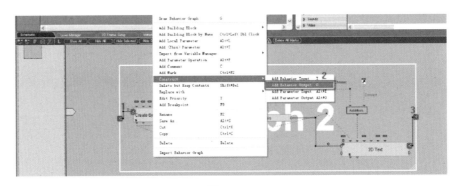

图 4-63

3）在BG组上双击鼠标左键，收起BG。鼠标在BG上单击右键，选择Rename，将其名称更改为Font（图4-64）。

4）如果该BG组在其他的地方有同样的应用，可以将其永久保存下来。在BG组上单击鼠标右键，选择Save As，将其存储在素材库的Behavior Graphs文件下，点OK确认（图4-65）。

图　4-64

5）Virtools中可以直接像使用行为模块一样应用该BG组（图4-66）。

图　4-65

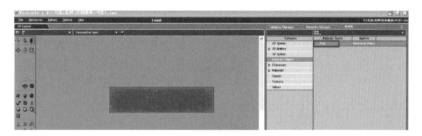

图　4-66

4.4.7　物件属性的使用与设置

当一个球体撞击到地板，如何体验出它们之间真实的碰撞感受，此时使用物件的属性设置就可以完成此效果。属性也是参数的一种特殊形式，其中记录着物件的一些信息或所处状态，但是它是通过附加在Virtools物件上，如3D Object、3D Entity、Material等物件本身所具备的特点。而行为模块是通过外部的控制物体而完成的。在使用物件属性时，一般情况下需要与行为模块结合使用。

属性（Attribute）建立的方法如下：

建立属性有两种方法：一种是通过菜单中的Editors/Attributes Manager增加属性，如图4-67所示；另一种是在物件设置（3D Object Setup、Texture Setup、Material Setup等）页面上左侧的Attribute中加入属性，两种方法生成的最后效果没有太大的区别，如图4-68和图4-69所示（参考文件"场景1.cmo"）。

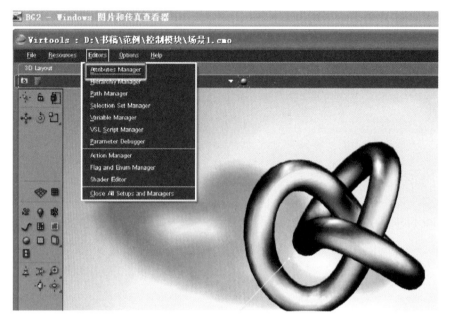

图　4-67

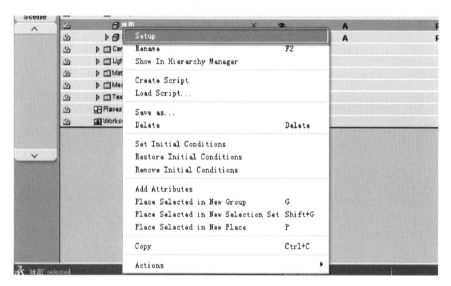

图　4-68

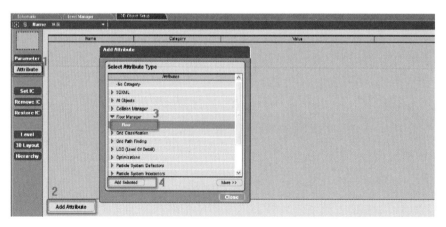

图　4-69

下面以球体弹跳为例，介绍物件属性如何使用。

1）单击Resources/Import File弹出Import File界面，选择文件名为sphere.nmo的文件打开（图4-70、图4-71）。

图　4-70　　　　　　　　　　　　　　　图　4-71

2）设定视角为Camera01（图4-72）。

3）对小球进行物理化，将Physicalize拖动到小球体上 ，设定对象物理化初始参数（图4-73、图4-74）。

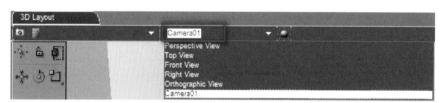

图　4-72

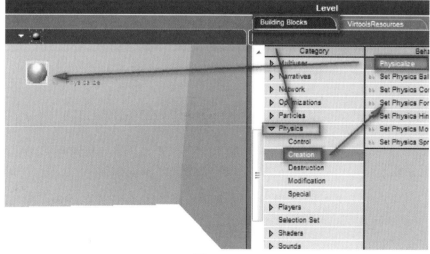

图　4-73

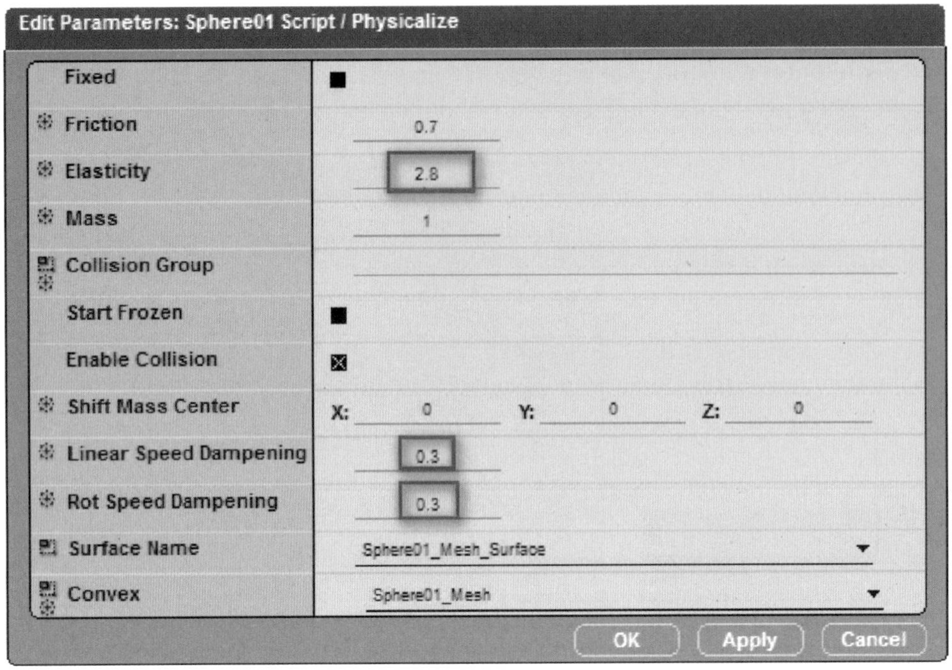

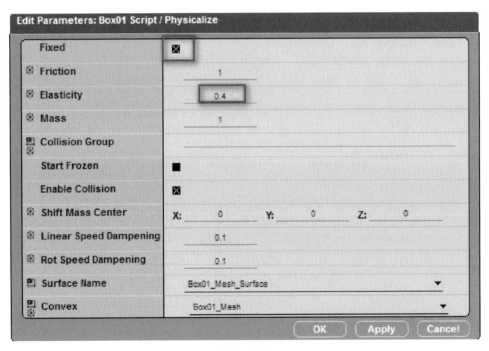

图　4-74

4）对房子进行物理化，将Physicalize拖动到房子上　，设定对象物理化初始参数（图4-75）。

图　4-75

5）对Box01脚本的Physicalize行为模块作内部设定，让其以凹面体作物理学计算（默认的物理化是以凸面体作计算的）（图4-76、图4-77）。

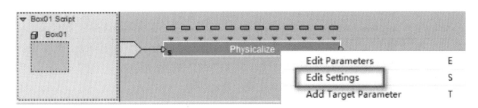

图　4-76

Physicalize - Edit Settings

Convex Count	0
Concave Count	1
Physicallize Options	■ Use Ball　　☒ Auto Mass Center ■ Rebuild Surface　☒ Use Convex Hull

OK　Cancel

图　4-77

6）为小球增加Shadow Caster Receiver属性。在Level Manager面板里，选择Sphere01单击鼠标右键，在快捷菜单中选择Add Attributes（图4-78），在弹出的Select Attribute Type里选择Shadow Caster Receiver属性，单击Add Selected（图4-79）。

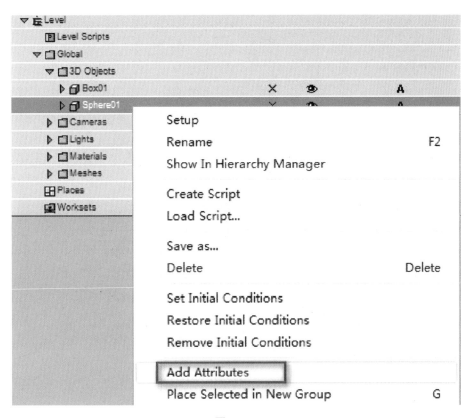

图　4-78

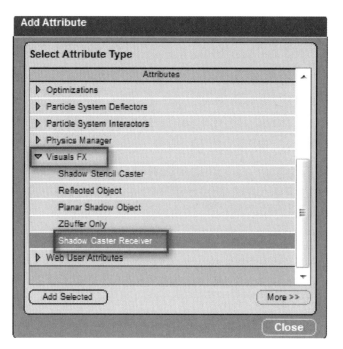

图　4-79

7）为Sphere01 Script脚本添加Shadow Caster（Visuals/Shadows）行为模块，并编辑其参数（图4-80、图4-81）。

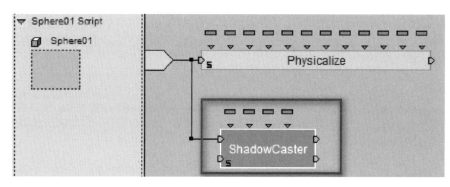

图　4-80

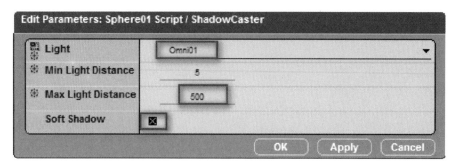

图　4-81

完成后参见sphere_01。

第  章

船锚的交互效果制作
过程

本章通过用鼠标控制锚杆和锚环的转动效果，键盘上<A>、<D>、<S>、<W>、<Q>、<E>键控制观看视角的变化，鼠标控制锚材质更换的效果实例的讲解，使读者初步掌握烘焙的技法，用鼠标和键盘控制物体产生交互动作的技法。

本章关键词：船锚；烘焙；交互

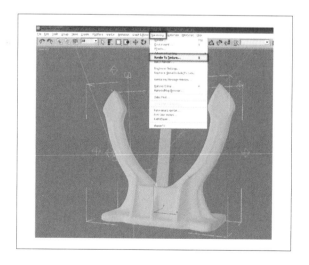

船锚的最终交互表现效果如下：

1）鼠标点选锚杆和锚环，可实现其转动效果。

2）键盘上<A>、<D>、<S>、<W>、<Q>、<E>键控制观看视角的变化。

3）鼠标控制锚材质更换的效果。

5.1 资源的建立

在开始制作范例之前，首先要在Virtools里建立自己的资源库，将其命名为mao，以便对前期的准备工作进行管理（图5-1）。

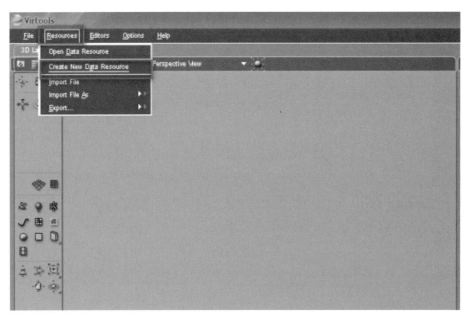

图 5-1

在Virtools的资源库里包含九个已归好类别的文件夹，将前期准备的素材分门别类，对号入座地放到这些文件夹里，通常将模型放入3D Entities目录下，Materials目录放材质，Videos目录放视频，Sounds目录放声音等（图5-2）。

图 5-2

5.2 烘焙贴图

烘焙贴图是为了节省在Virtools里灯光的计算量而在模型导入Virtools之前将模型的光影信息记录在模型的贴图上，该项技术主要应用于模型光影固定的静态场景中。

打开模型文件，选中底座部分，选择Rendering（渲染）的Render To Texuture（渲染到纹理）（图5-3）。

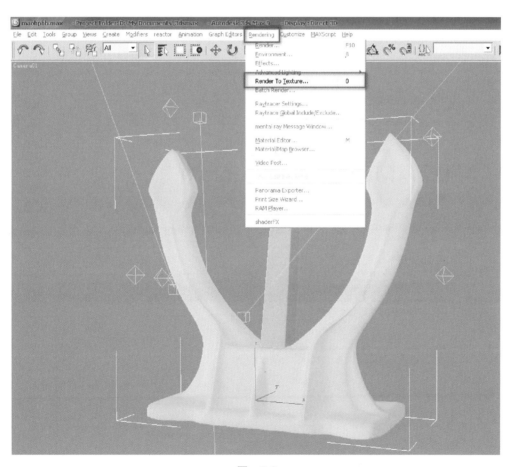

图 5-3

在Render To Texture面板里编辑相关参数。在Output选项里，单击Add选择CompleteMap，Target Map Slot选择Diffuse Color，再单击Render即可（图5-4、图5-5）。

对模型的其他部分分别做同样的操作。

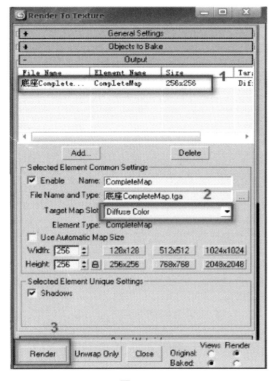

图 5-4　　　　　　　　　　　　　　　　　　图 5-5

5.3　将模型从Max导入到Virtools中

在导出模型之前需要安装Max导出插件Max Exporter For Virtools，将插件安装在Max的
安装目录下即可（图5-6）。

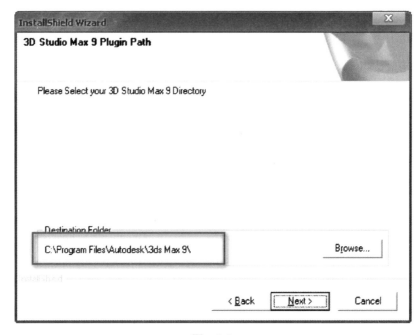

图　5-6

在Max导出类型列表中出现Vitools Export，表明插件安装成功（图5-7）。

因为已经完成烘焙的操作，所以现在可以把场景中所有的灯光删除掉，然后Export，将模型导入到mao资源库中的3D Entities文件夹内（图5-8）。

在导出选项中，选择Export as Objects（图5-9）。

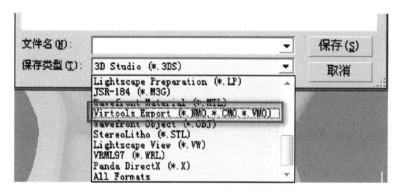

图　5-7

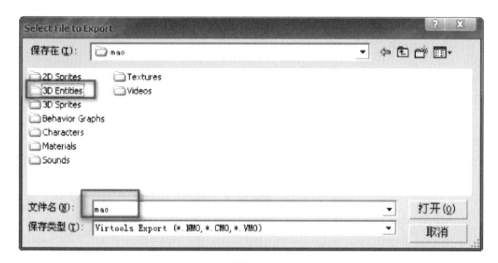

图　5-8

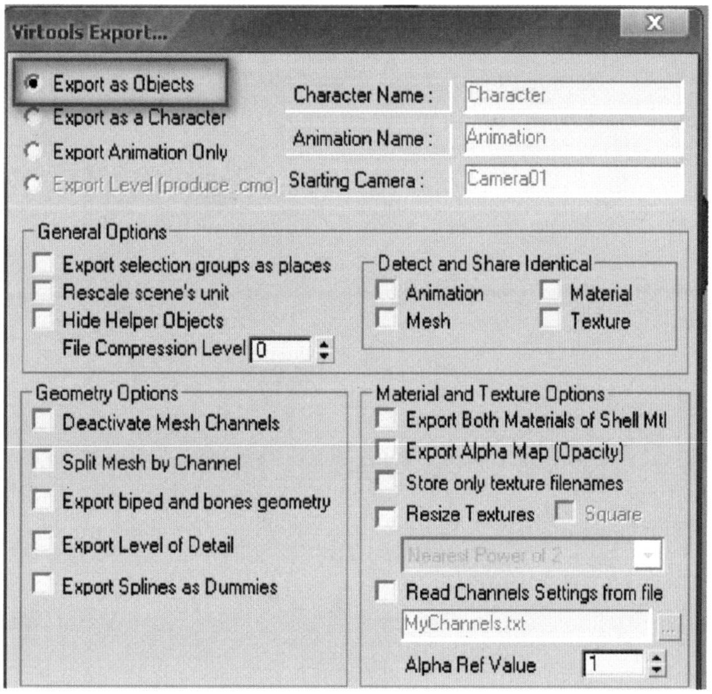

图　5-9

5.4 Virtools中交互内容的制作

1）从mao资源库中导入模型，调整视图到Camera01视图（图5-10）。

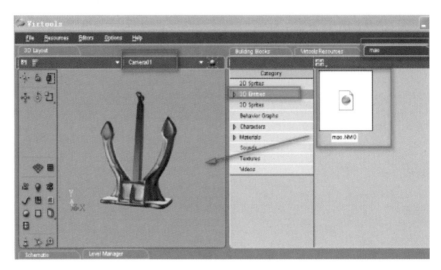

图 5-10

2）调整模型各部分材质自发光到最大（图5-11、图5-12）。

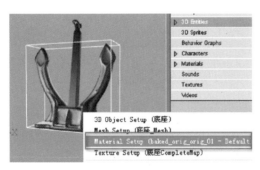

图 5-11

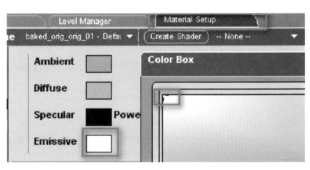

图 5-12

3）设置图片背景，从资源库中导入所需要的图片素材（图5-13）。

4）在Level Setup面板里修改Background Image参数（图5-14）。

完成后见"锚01.cmo"。

5）为场景中的所有对象指定初始值。选中对象后，单击Set IC For Selected，设定了初始状态后就会在IC栏下边出现小叉的图标（图5-15）。

6）为锚杆创建脚本（图5-16）。

图 5-13

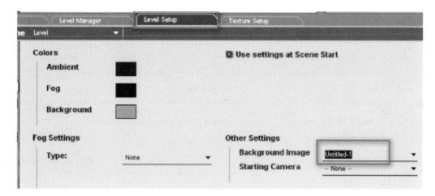

图 5-14

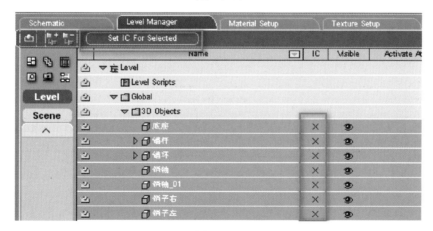

图 5-15

图 5-16

7）双击锚杆Script，进入脚本编辑区，为其添加Wait Message（Logics/Message）、Bezier Progression（Logics/Loops）、Rotate（3D Transformations/Basic）行为模块（图5-17），为这三个行为模块创建行为连接（图5-18）。

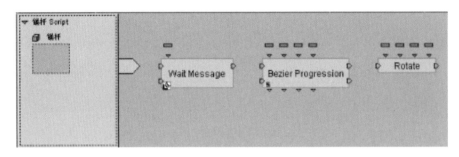

图 5-17

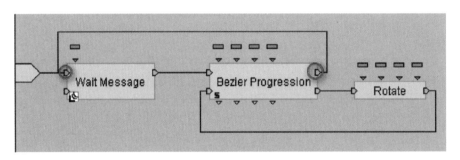

图 5-18

8）按下＜Alt +T＞键，增加This参数，创建参数连接（图5-19）。

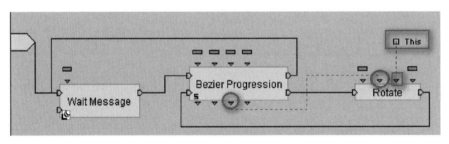

图 5-19

9）编辑Bezier Progression参数，双击第二个、第三个参数端口，更改参数类型为Angle（图5-20）。

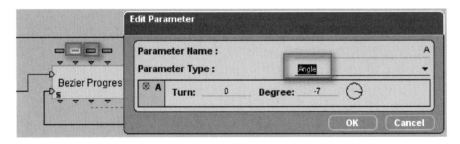

图 5-20

10）双击Bezier Progression，编辑其参数，Duration是运动持续时间，A是运动起始值，B是运动结束值，Progression Curve是控制运动进度的曲线，可以通过在曲线上双击来增加顶点（图5-21）。

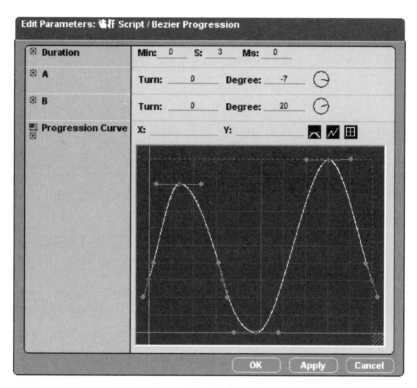

图 5-21

11）双击Rotate，编辑其参数（图5-22）。

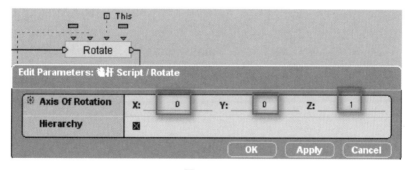

图 5-22

12）完成后可以测试播放，用鼠标点击锚杆观看其运动效果。

13）开始制作当鼠标滑动到锚杆时，鼠标符号变成手形图标，提示用户可以点击该地方。在锚杆的脚本里添加Keep Active（Logics/Streaming）、2D Picking（Interface/Screen）、Test（Logics/Test）、Mouse Cursor System（Interface/Screen）行为模块（图5-23）。

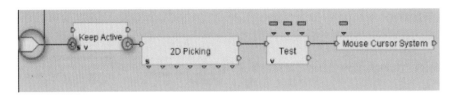

图 5-23

14）双击Test的第二个、第三个参数输入端口，更改其参数类型为3D Entity（图5-24）。

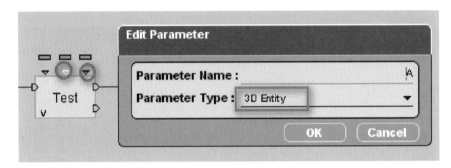

图 5-24

15）按下＜Alt +T＞键，增加This参数，并为行为模块建立参数连接（图5-25）。

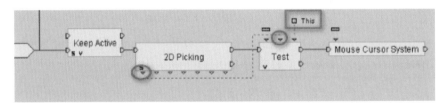

图 5-25

16）双击Mouse Cursor System，设定其参数为Link Select（图5-26）。

17）完成后，可测试播放当鼠标滑动到锚杆时发生的变化。

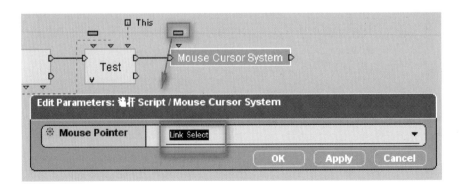

图 5-26

18）因为锚环的交互效果和锚杆类似，所以可以复制锚杆的脚本到锚环上，然后再更改个别行为模块的参数就可以了（图5-27）。

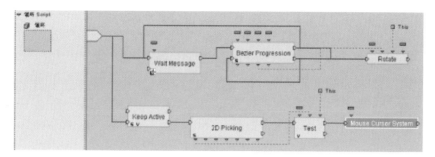

图　5-27

19）更改Bezier Progression的参数（图5-28）。

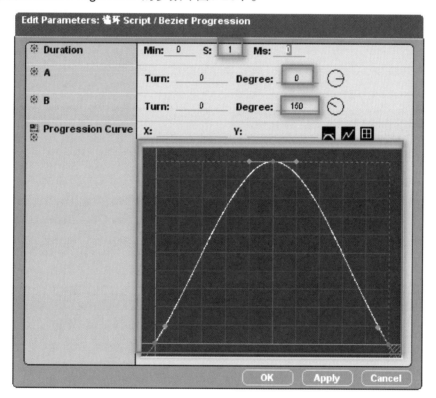

图　5-28

20）更改Rotate的参数（图5-29）。

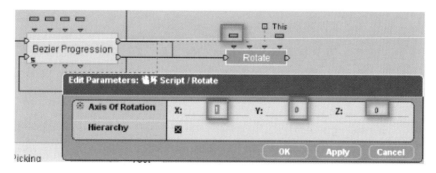

图　5-29

完成后见"锚02.cmo"。

锚的全角度观看效果制作过程如下：

1）为Camera01创建脚本，在其脚本编辑区里添加Keyboard Camera Orbit（Cameras/Movement）（图5-30）。

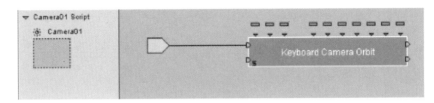

图 5-30

2）选中Keyboard Camera Orbit，单击鼠标右键，在快捷菜单中选择Edit Setting，定义控制按键，注意将Returns选项取消叉选（图5-31）。

3）双击Keyboard Camera Orbit，编辑其外部参数（图5-32）。

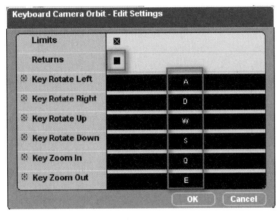

图 5-31

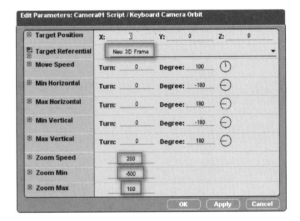

图 5-32

4）测试播放时即可以通过键盘上的＜W＞、＜A＞、＜S＞、＜D＞、＜Q＞、＜W＞按键来控制摄像机的前后、左右、放大、缩小等功能。

完成后见"锚03.cmo"。

锚材质更迭效果制作过程如下：

1）从mao的资源库里调入需要用到的材质（图5-33）。

2）为底座建立脚本。首先，制作当鼠标滑动到底座上鼠标符号发生更迭的效果，这里同样也可复制为锚杆或锚环创建脚本时用到的行为模块，行为模块参数不用作任何更改（图5-34）。

3）然后在Level Manager面板下选中所有的Object，单击鼠标右键，选择Place Selected In New Group，将所有的三维对象归到一个新的组里，并将这个组重命名为All Objects（图5-35、图5-36）。重命名的方式为选中对象，通过单击鼠标右键，选择Rename即可。

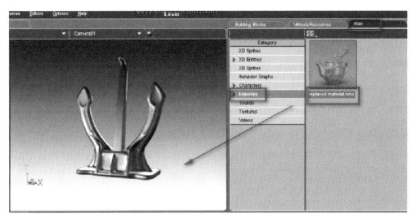

图 5-33

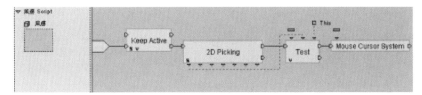

图 5-34

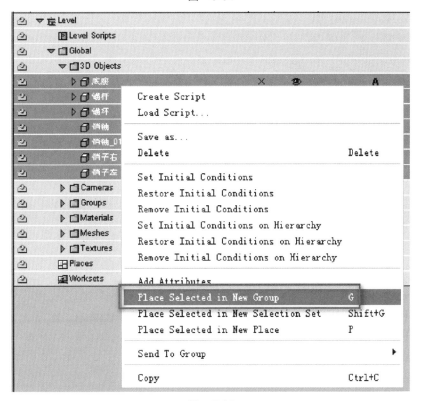

图 5-35

图 5-36

4）回到底座的脚本区里，为其添加Wait Message（Logics/Message）、Sequencer（Logics/Streaming）、Group Iterator（Logics/Groups）、Set Material（Materials-Textures/Basic）、Activate Channel（Materials-Textures/Basic）行为模块，创建行为连接（图5-37）。

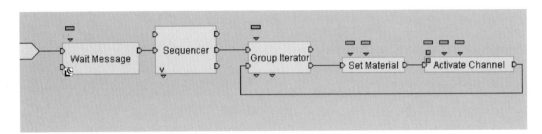

图 5-37

5）在Set Material行为模块上单击鼠标右键，选择Add Target Parameter，增加目标参数（图5-38）。

6）连接Group Iterator的第一个参数输出到Set Material的目标参数上（图5-39）。

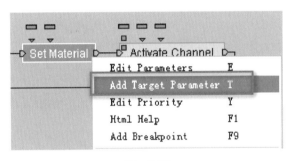

图 5-38

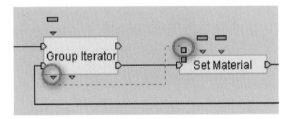

图 5-39

7）在脚本编辑空白区按下＜Alt +P＞键，增加一个Get Mesh参数运算（图5-40）。

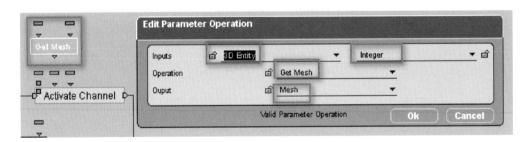

图 5-40

8）为Get Mesh建立参数连接（图5-41）。

9）双击Group Iterator，设定其参数为All Objects（图5-42）。

10）双击Set Material，设定其参数为replaced material（图5-43）。

11）双击Activate Channel，编辑其参数（图5-44）。

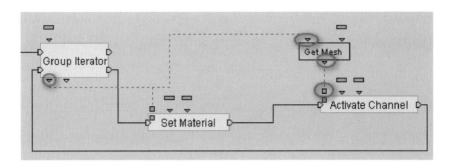

图　5-41

图　5-42

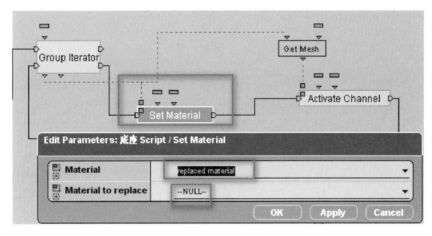

图　5-43

图　5-44

12）选中Sequencer单击鼠标右键，选择Construct/Add Behavior Output，为其增加一个行为输出端口（图5-45）。

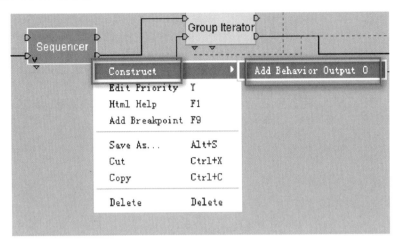

图 5-45

13）复制前面用到的Group Iterator、Activate Channel以及Get Mesh参数运算，更改Activate Channel参数（图5-46）。

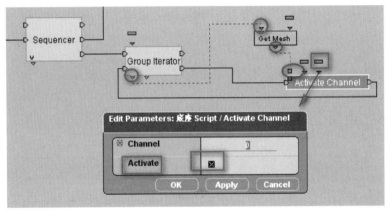

图 5-46

14）最后注意完成从两个Group Iterator到Wait Message的循环（图5-47）。

15）测试播放，点击锚的底座，可以看到两种材质来回更迭的效果。

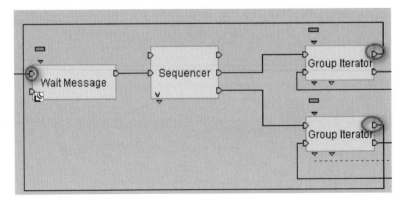

图 5-47

完成后的档案见"锚04.cmo"。

第 *6* 章

MP3交互表现方法实例

本章通过对MP3交互表现效果的介绍，使读者掌握鼠标左键控制产品的旋转，右键可实现效果的复位，中键在产品上滚动控制缩小和放大，鼠标在音量调节区拖动可调整音量大小效果的制作方法。

本章关键词： MP3；音量调节；视频控制；界面交互

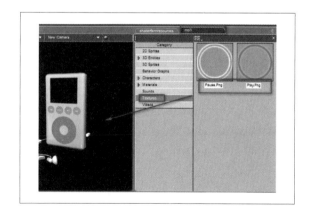

最终实现的交互效果如下：

1）鼠标左键控制MP3的旋转。

2）单击鼠标右键可复位。

3）鼠标中键在机壳上滚动控制缩小和放大。

4）鼠标在音量调节区拖动可控制音量大小。

6.1 资源导入与背景设置

1）打开资源库，单击Resources/Open Data Resource（图6-1），在弹出的对话框中选择mp3.rsc（图6-2）。

2）将mp3/3D Entities/mp3.nmo拖动到3D Layout视图区中，设定视角为New Camera（图6-3、图6-4）。

图 6-1

mp3	2010/2/6 20:48	文件夹
截图	2010/2/6 20:46	文件夹
mp3.rsc	2010/2/6 20:44	RSC 文件

图 6-2

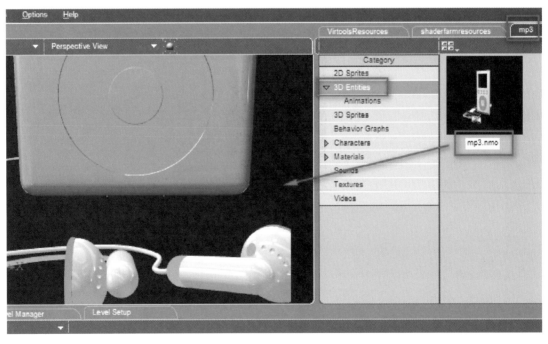

图 6-3

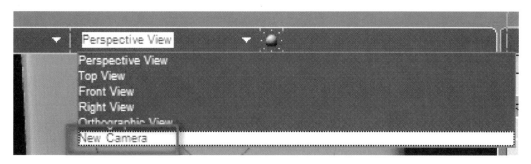

图　6-4

3）设定3D Layout背景，在Level Manager里选中Level单击鼠标右键，进入Level Setup，将Background参数调整为黑色（图6-5、图6-6）。

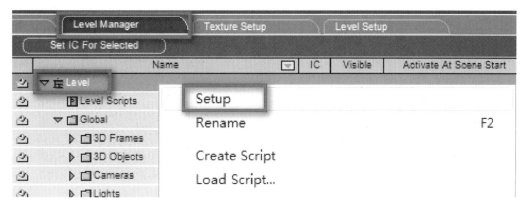

图　6-5

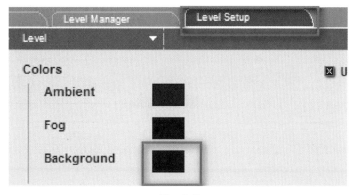

图　6-6

完成后参见"mp3_01"。

6.2　鼠标控制全方位观看

1）新建一个3D Frame，以此作为New Camera执行旋转和缩放的基准。3D Frame的位置调整在MP3的中心处，3D Frame位置的调整需要切换不同的视图来配合调整，3D Frame位置调整完毕后，在Level Manager面板里双击New Camera，进入Camera Setup面板下，设定Camera的目标参数为New 3D Frame，完成之后，为New Camera设定初始状态（图6-7、图6-8、图6-9）。

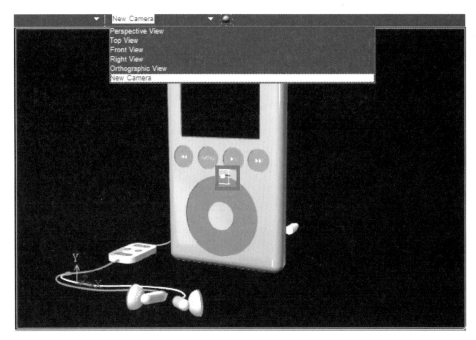

图　6-7

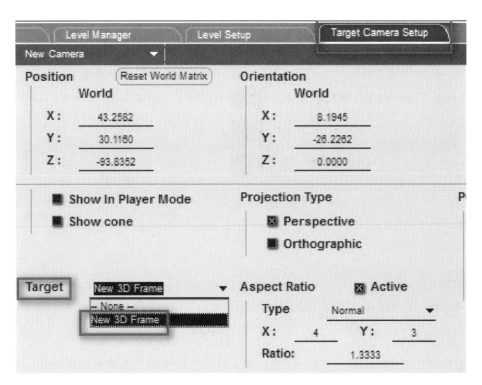

图　6-8

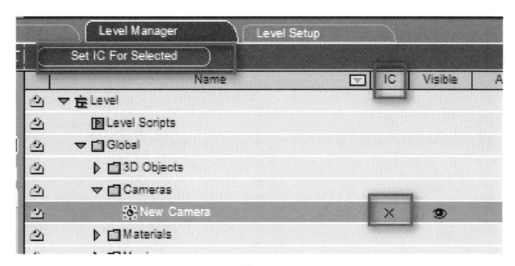

图 6-9

2）为New Camera新建脚本，双击New Camera Script进入其脚本编辑区（图6-10）。

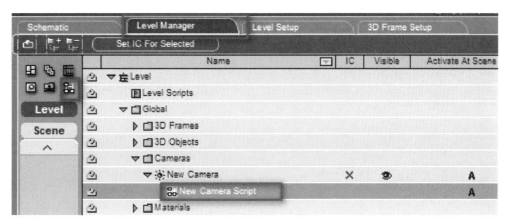

图 6-10

3）为New Camera Script脚本区添加Mouse Waiter（Controllers/Mouse）、Keep Active（Logics/Streaming）、Get Mouse Displacement（Controllers/Mouse）和Rotate Around（3D Transformations/Basic）行为模块（图6-11）。

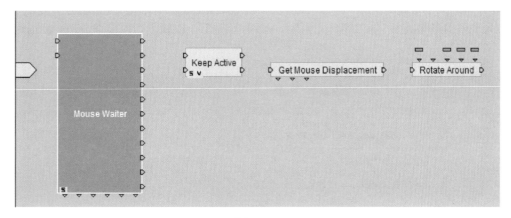

图 6-11

4）右键单击Mouse Waiter，选择Edith Settings，对其内部参数进行编辑设定，让鼠标响应左键按下、左键抬起、右键按下、滚轮事件（图6-12）。

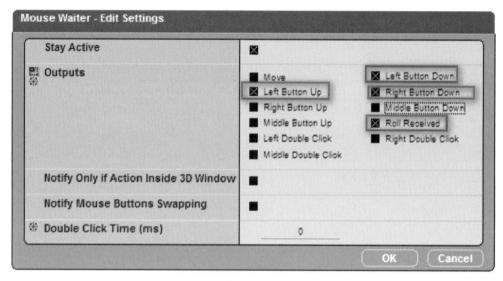

图　6-12

5）为New Camera Script脚本区添加的行为模块建立行为连接，注意Mouse Waiter的Left Button Down Received连Keep Active的In端口，Left Button Up Received接Keep Active的Reset端口（图6-13）。

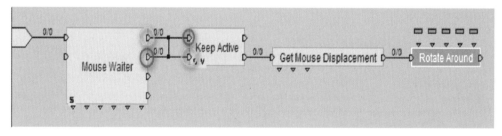

图　6-13

6）在脚本区空白区单击鼠标右键，选择Add Parameter Operation，增加乘法参数运算，运算法则为Float*Float=Float（图6-14、图6-15、图6-16）。

7）连接Get Mouse Displacement的第一个参数输出到Multiplication的第一个参数输入，Multiplication的参数输出连接到Rotate Around的第二个参数输入，设定Multiplication的第二个参数值为-0.005（图6-17、图6-18）。

图　6-14

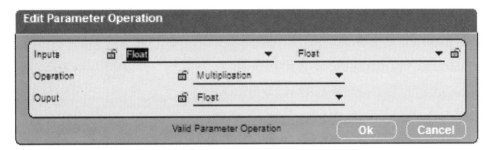

图 6-15

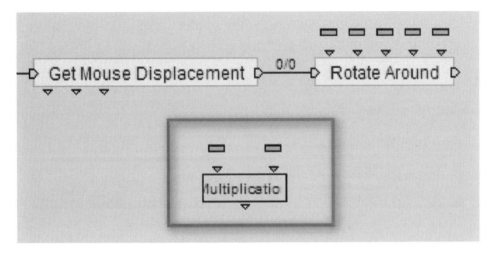

图 6-16

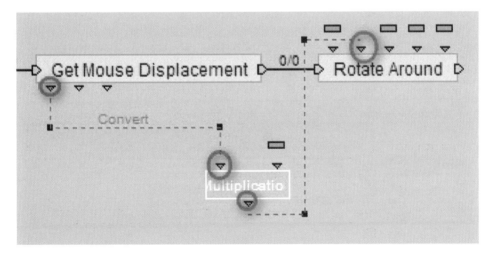

图 6-17

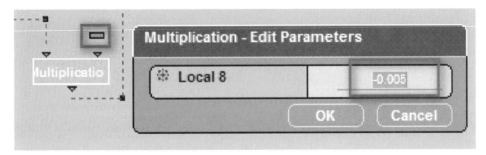

图 6-18

测试播放时，即可用鼠标左键横向拖动控制Camera绕MP3全局观看。

8）在Mouse Waiter的Right Button Down Received输出端口后面添加Restore IC（Narratives/States），实现单击鼠标右键恢复New Camera的初始状态（图6-19）。

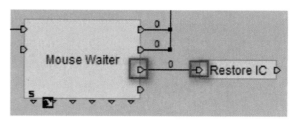

图 6-19

9）在Mouse Waiter的Roll Received输出端口后面添加2D Picking（Interface/Screen）、Test（Logics/Test）、Switch On Parameter（Logics/Streaming）行为模块，Test用来判断鼠标是否滑动到MP3的机身上，Switch On Parameter用来判断鼠标滚轮的方向（图6-20）。

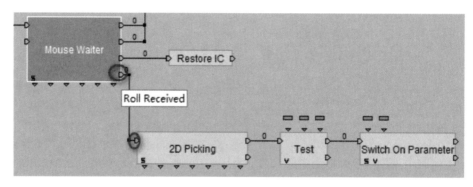

图 6-20

10）修改Test的第二个和第三个参数的参数类型，由Float更改为3D Entity（图6-21），同时在Switch On Parameter上单击右键，选择Construct/Add Behavior Output增加流程输出端口（图6-22）。

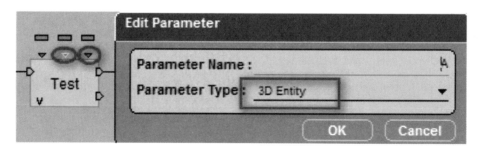

图 6-21

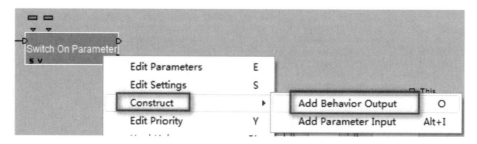

图 6-22

11）连接Mouse Waiter的第二个参数输出端口到Switch On Parameter的第一个参数输入端口，2D Picking的第一个参数输出端口连接到Test的第二个参数输入端口（图6-23）。

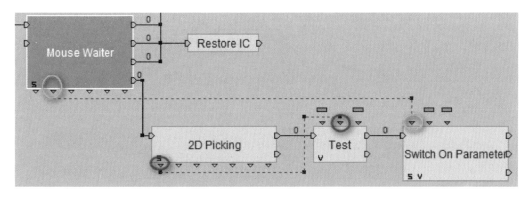

图 6-23

设定Test的第二个参数值为shell_front（图6-24），编辑Switch On Parameter的第二和第三个参数值分别为120、-120，其中120为鼠标滚轮一次滑动的单位值（图6-25）。

图 6-24

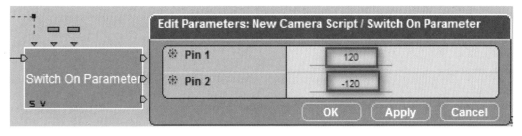

图 6-25

12）在Switch On Parameter行为模块后添加Bezier Progression（Logics/Loops）、Op（Logics/Calculator）、Translate（3D Transformations/Basic）。注意，Translate的Out端需要循环到Bezier Progression的Loop In端口（图6-26）。

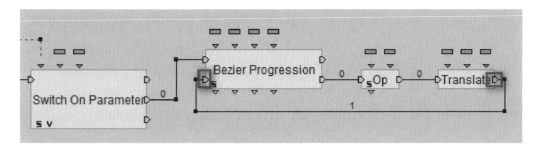

图 6-26

13）在Op上单击鼠标右键，选择Edit Settings编辑内部参数，设定其参数运算形式为Float*Vector=Vector（图6-27、图6-28）。

14）连接Bezier Progression的第三个参数输出端到Op的第一个参数输入

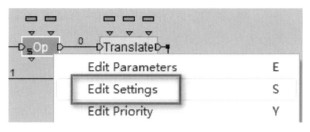

图 6-27

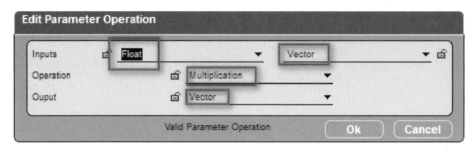

图 6-28

端，Op的参数输出端连接到Translate的第一个参数输入端（图6-29）。

设定Op的第二个参数值为（0，0，1），Translate的第二个参数值为New Camera（图6-30、图6-31）。

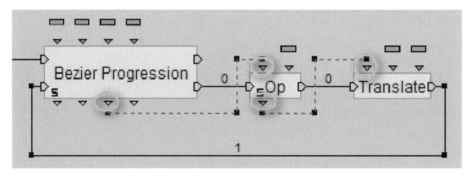

图 6-29

图 6-30

图 6-31

15）用鼠标框选Bezier Progression、Op、Translate三个行为模块及它们之间的连接线，按住<Shift>键拖动，这样就可以对这三个行为模块进行复制，将复制出来的行为模块连接到Switch On Parameter的第三个行为输出端口（图6-32）。

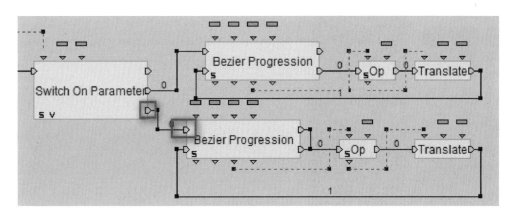

图　6-32

修改Op的第二个参数值为（0，0，-1），其他的参数保持不变，让摄影机反向移动（图6-33）。

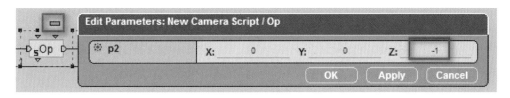

图　6-33

测试播放即可实现：鼠标左键控制旋转，鼠标中键控制缩放，鼠标右键具有复位功能。完成后参见"mp3_02"。

6.3　MP3面板界面交互

1）鼠标框选资源库mp3/Textures目录下的Play、Pause贴图，将其拖动到3D Layout视图区窗口中并释放（图6-34）。

2）在Level Manager面板里找到3D Object类下的"上一曲"，为其创建脚本（图6-35）。

3）编辑"上一曲Script"，在其脚本区中添加Wait Message（Logics/Message）、Mouse Waiter（Controllers/Mouse）和Set Texture（Materials-Textures/Basic）行为模块（图6-36）。

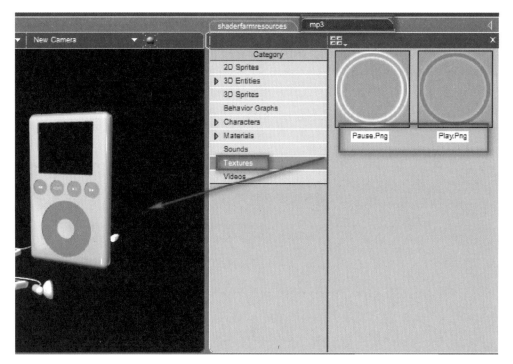

图　6-34

图　6-35

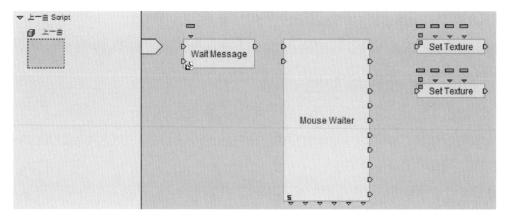

图　6-36

4）在Mouse Waiter模块上单击右键，选择Edit Settings编辑内部参数，让其只保留响应鼠标左键按下和左键抬起事件（图6-37、图6-38）。

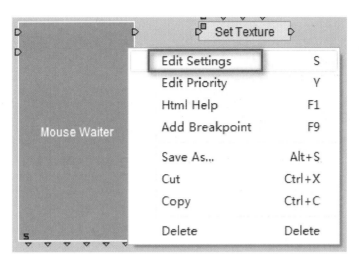

图 6-37

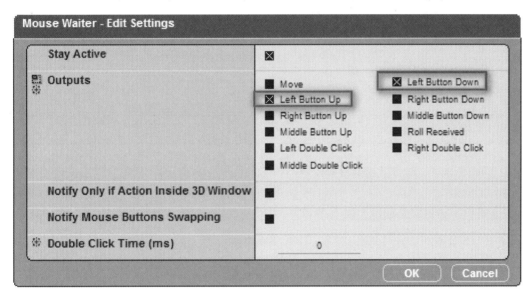

图 6-38

5）为添加的行为模块建立行为连接，注意Wait Message需要建立外循环，以及Mouse Waiter的Left Button Down Received输出要连接到本身的Off端口（图6-39）。

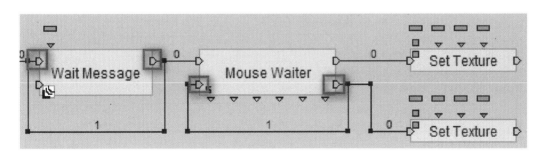

图 6-39

6）编辑两个Set Texture行为模块的参数，Target（Material）都指定为B_BackWard，Texture分别指定为Pause和Standby（图6-40、图6-41）。

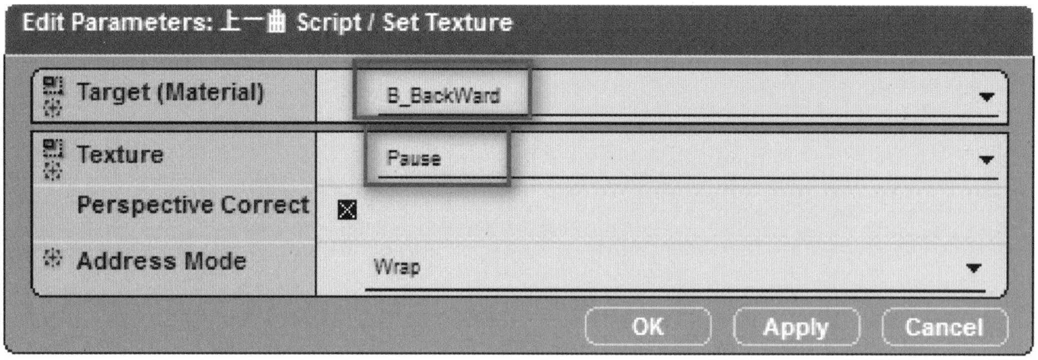

Edit Parameters: 上一曲 Script / Set Texture

Target (Material)   B_BackWard

Texture   Pause

Perspective Correct ☒

Address Mode   Wrap

OK   Apply   Cancel

图 6-40

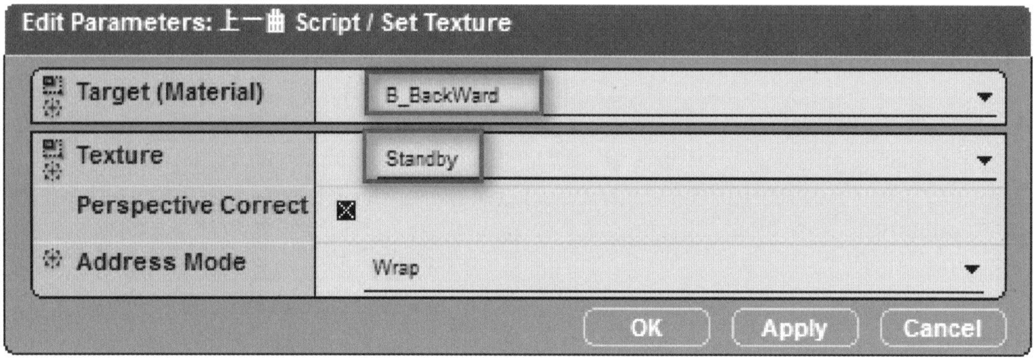

Edit Parameters: 上一曲 Script / Set Texture

Target (Material)   B_BackWard

Texture   Standby

Perspective Correct ☒

Address Mode   Wrap

OK   Apply   Cancel

图 6-41

测试播放时即可实现鼠标左键点击"上一曲",贴图变化,释放时贴图回到初始状态。

7)在Level Manager面板里复制"上一曲Script"到"播放/暂停"、"菜单"、"下一曲"目录下(图6-42)。

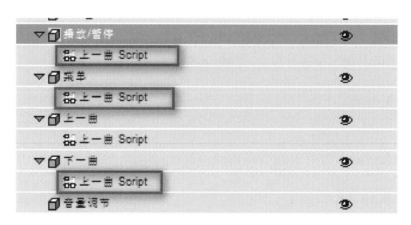

图 6-42

对以上复制出来的脚本分别执行单击右键命令,选择Rename重新命名(图6-43、图6-44)。

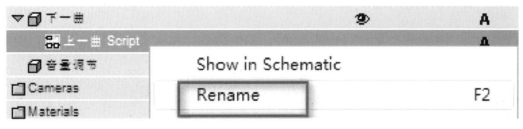

图　6-43

8）下面只需更改复制脚本的个别参数即可。双击"下一曲 Script"进入其脚本区，修改其中两个Set Texture行为模块的Target（Material）参数，将其重新定义为B_ForWard（图6-45）。

修改"菜单 Script"脚本区的Set Texture行为模块的Target（Material）参数都为B_Menu（图6-46）。

图　6-44

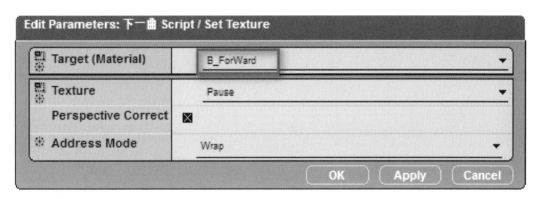

图　6-45

图　6-46

修改"播放/暂停 Script"脚本区的Set Texture行为模块的Target（Material）参数都为B_Play/Pause，Texture参数分别为Play和Pause（图6-47）。

图　6-47

将"播放/暂停 Script"脚本区的Mouse Waiter行为模块替换为Sequencer（Logics/Streaming），并给Sequencer增加一个行为输出端口（图6-48）。

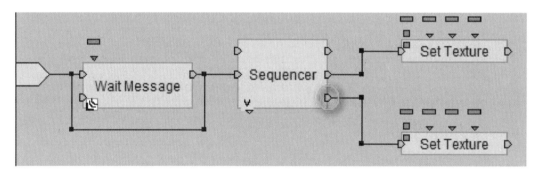

图　6-48

完成后参见"mp3_03"。

6.4　视频的播放和控制

1）将素材库里的三个视频文件一并导入到3D Layout视图区窗口中（图6-49）。

2）在Level Manager面板中，对这三个视频文件重新命名，将其命名为Video_01、Video_02、Video_03（图6-50）。

3）新建一个Arrays，命名为Video，这个数组用来储存所有的视频资料，程序可以对数组里的资料进行读和写的操作（图6-51）。

图　6-49

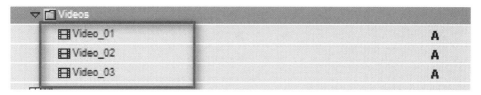

图　6-50

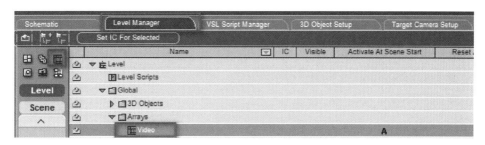

图　6-51

4）双击Video Array，进入Array Setup
面板，单击Add Column，对表单执行增加列
操作，在Add Column面板里，将Name设定
为Video，Type选择Parameter，Parameter
选定为Video（图6-52）。

5）鼠标左键单击Add Row三下，这样
Array就会生成三个单元格，这三个单元格分
别用来储存三个视频文件（图6-53）。

6）双击Array表单里的单元格，设定其

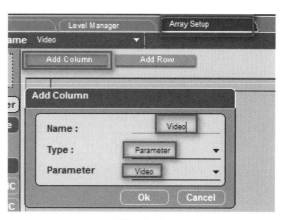

图　6-52

分别为Video_01、Video_02、Video_03（图6-54）。

7）在Level Manager面板中双击Video_01，进入Video Setup面板，将Output Options中的Type类型选为Texture，Texture下拉列表中选为Video，即屏幕的纹理。对Video_02和Video_03作与Video_01同样的设定（图6-55）。

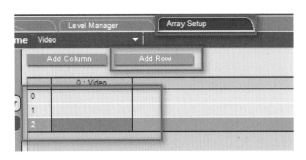

图 6-53　　　　　　　　　　　　　　　　图 6-54

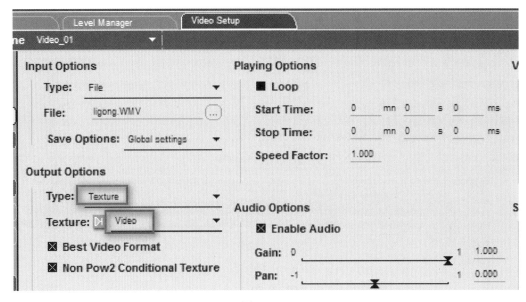

图 6-55

8）展开"播放/暂停Script"，在其脚本区中添加Video Player，并连接Video Player的Play输入端和Pause/Resume输入端到两个Set Texture的输出端口（图6-56）。

9）在空白区单击鼠标右键，选择Add Local Parameter，新增加参数，用来存储当前播放的

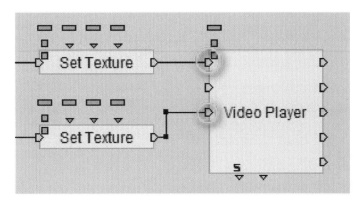

图 6-56

图　6-57

视频变量（图6-57）。所增加参数的名字为Current Video，类型为Video，值为NULL（图6-58）。

10）在脚本区添加Identity（Logics/Calculator），并将其连接到Start起始端，用来对Video变量赋初值，点击播放按钮播放的是Video_01，双击Identity参数输入端口，更改其类型为Video（图6-59）。

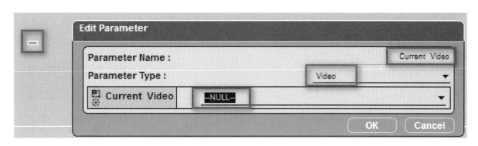

图　6-58

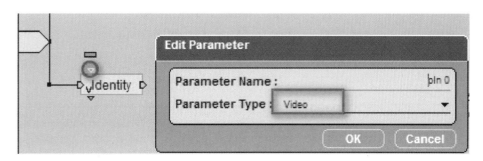

图　6-59

11）鼠标单击新增加的Current Video参数，单击鼠标右键选择Copy，然后鼠标在空白区单击右键，选择Paste as Shortcut，为参数建立快捷方式（图6-60~图6-62）。

选中参数快捷方式，单击鼠标右键，选择Set Shortcut Group Color，选择一种颜色作为标记（图6-63、图6-64）。

12）对复制出来的参数快捷方式再进行复制（图6-65）。

将第二次复制出来的参数快捷方式，一

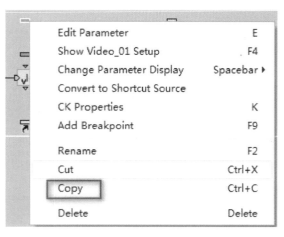

图　6-60

Alternate Paste Ctrl+Alt+V Paste as Shortcut Shift+Ctrl+V Delete Delete 图 6-61	图 6-62

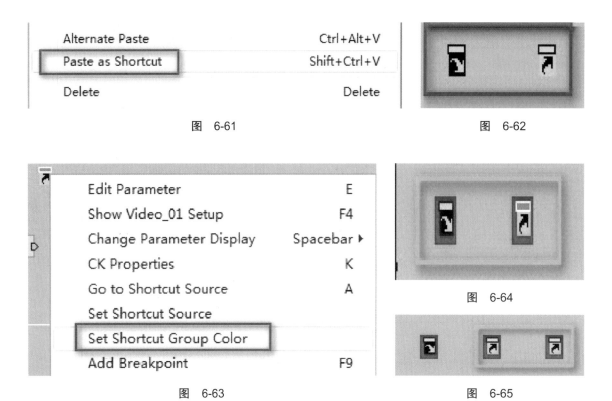

```
Edit Parameter              E
Show Video_01 Setup         F4
Change Parameter Display    Spacebar ▶
CK Properties               K
Go to Shortcut Source       A
Set Shortcut Source
Set Shortcut Group Color
Add Breakpoint              F9
```

图 6-63

图 6-64

图 6-65

个连接到Identity的参数输出端口，另一个连接到Video Player的参数输入端口（图6-66）。

13）编辑Identity的输入参数，将其设定为Video_01（图6-67）。

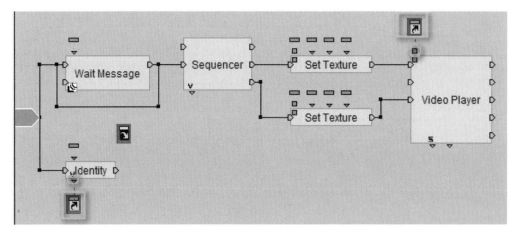

图 6-66

图 6-67

14）进入到"下一曲 Script"，在Wait Message之后添加Iterator If（Logics/Array）、Video Player。注意Iterator If的Out端接Video Player的Stop输入端，Itetator If的Loop Out必须循环到Loop In端口。这样的目的是：当鼠标点到"下一曲"的按钮时，先停止当前的视频，同时要计算当前视频在Video数组中的具体位置（图6-68）。

将在"播放/暂停"中建立的参数快捷方式复制两个到"下一曲 Script"的脚本区中，并分别连接到Iterator If的最后的参数输入端和Video Player的参数输入端（图6-69）。

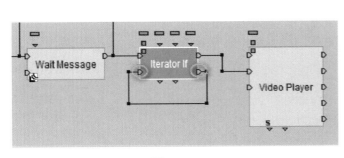

图　6-68

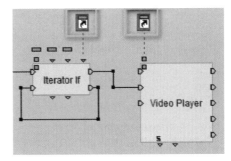

图　6-69

编辑Iterator If行为模块的参数，将Target（Array）设置为Video（图6-70）。

15）在Video Player的Stop Playing后面添加Op行为模块，右键单击Op选择Edit Settings，编辑参数运算形式为Integer+Integer=Integer（图6-71~图6-73）。

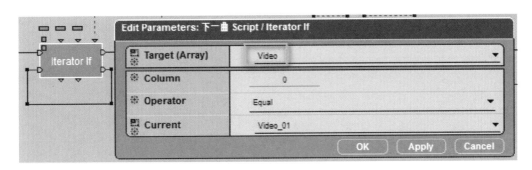

图　6-70

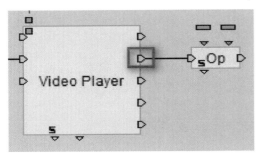

图　6-71

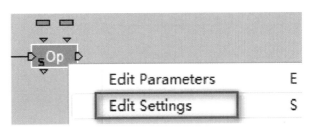

图　6-72

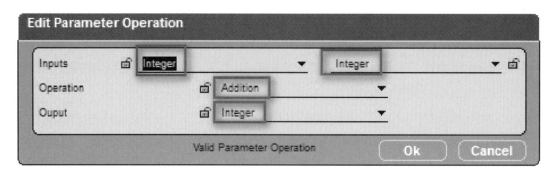

图　6-73

16）仿照Current Video参数及其参数快捷方式的制作方法，建立另一个参数，名称为next，类型为Integer，值为0（图6-74、图6-75）。

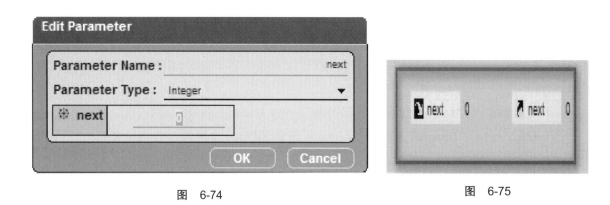

图　6-74

图　6-75

17）连接Op的参数输出到新建的参数快捷方式next上，并连接其第一个参数输入到Iterator If的第一个参数输出端口（图6-76）。

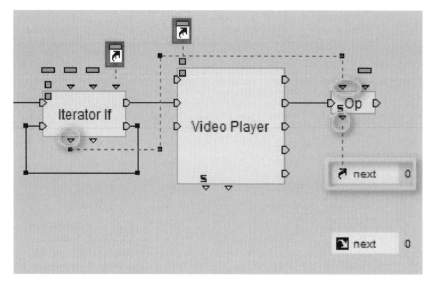

图　6-76

编辑Op第二个参数值p2为1（图6-77）。

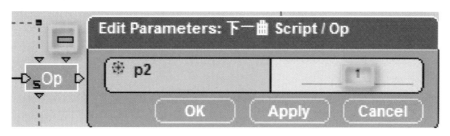

图　6-77

18）在Op之后添加Test（Logics/Test）行为模块，更改其第二和第三个参数类型为Integer，用来判断next当前的值是否超出Video Array的最大行数3（图6-78）。

图　6-78

复制next参数快捷方式，连接其到Test第二个参数输入端，并设定Test的第三个参数值为3及Video Array的最大行数（图6-79）。

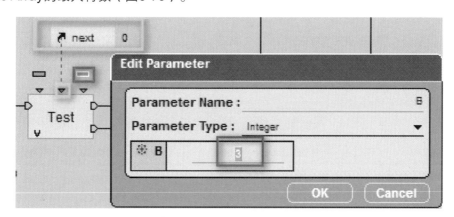

图　6-79

19）在Test的TRUE端口之后加Identity行为模块，类型为Integer，用来对next变量重新赋值为0（图6-80）。

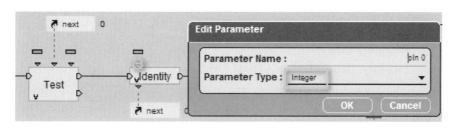

图　6-80

20）在Identity之后添加Get Cell（Logics/Array）、Identity和Video Player行为模块，Get Cell的In端口同时接第一个Identity的Out端和Test的FALSE端，赋值next参数快捷方式到Get Cell的第二个参数输入端，同时设定Get Cell的Target（Array）参数值为Video（图6-81、6-82）。

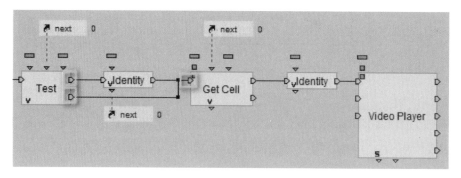

图　6-81

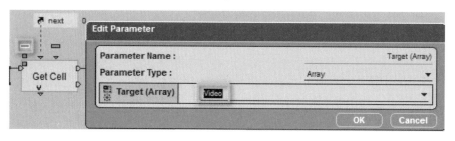

图　6-82

21）将Get Cell和Identity的参数输出和输入类型都设置为Video，并连接Get Cell的参数输出端到第二个Identity的参数输入端（图6-83~图6-85）。

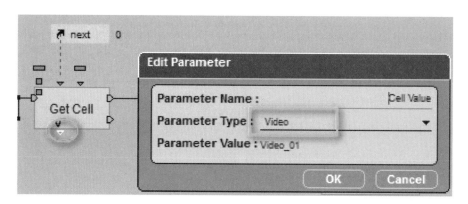

图　6-83

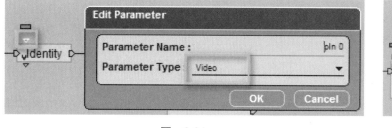

图　6-84

图　6-85

22）赋值Current Video两个变量，分别接第二个Identity的参数输出端和Video Player的参数输入端（图6-86）。

23）复制"下一曲 Script"的部分行为模块（从Iterater If到最后一个Video Player）到"上一曲 Script"中，并在"上一曲 Script"中对复制过来的next参数重新命名为last（图6-87、图6-88）。

24）将Op的运算法则由加法更改为减法（图6-89）。

25）Test的第二个参数值为−1（图6-90）。

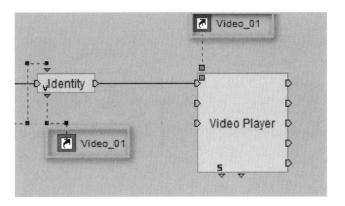

图　6-86

图　6-87

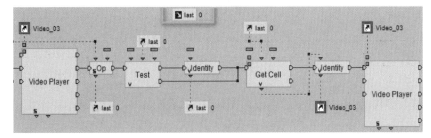

图　6-88

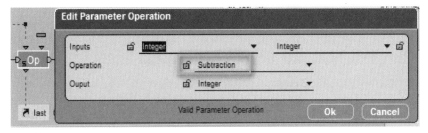

图　6-89

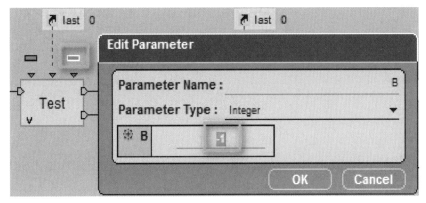

图　6-90

26）Identity的参数值设定为2（图6-91）。

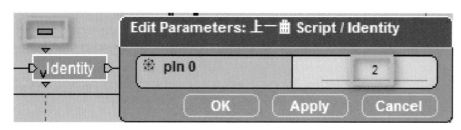

图　6-91

测试播放。完成后参见"mp3_04"。

6.5　声音的播放和控制

1）在Level Manager面板中为"音量调节"创建脚本（图6-92）。

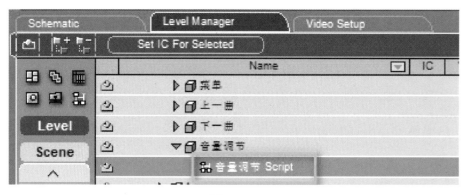

图　6-92

2）鼠标左键双击"音量调节 Script"进入其脚本区，在脚本区中添加Mouse Waiter（Controllers/Mouse）、2D Picking（Interface/Screen）、Test（Logics/Test）行为模块，Mouse Waiter只保留左键按下和抬起的输出，具体的做法之前已多次提到，这里不作论述（图6-93）。

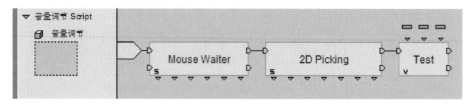

图　6-93

3）更改Test的第二个及第三个参数输入类型为3D Entity，连接2D Picking的第一个参数输出到Test的第二个参数输入，Test的第三个参数值设定为"音量调节"（图6-94、图6-95）。

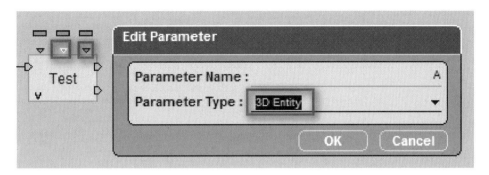

图 6-94

图 6-95

4）在Test之后添加Keep Active（Logics/Test）、Get Mouse Displacement（Controllers/Mouse）和Op（Logics/Calculator）行为模块，Test的TRUE端口连接Keep Active的In端口，Keep Active的Reset端口连接到Mouse Waiter的Left Button Down Received端口（图6-96）。

5）右键单击Op，选择Edit Settings，编辑其内部参数，定义其参数运算方式为Integer*Float=Float（图6-97、图6-98）。

6）复制一个Op，定义其参数运算形式为Float+Float=Float（图6-99）。

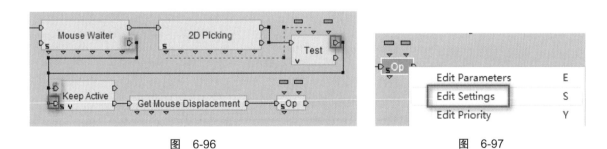

图 6-96　　　　　　　　　　　　　　　　　图 6-97

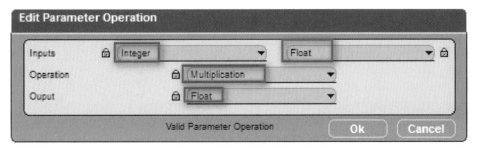

图 6-98

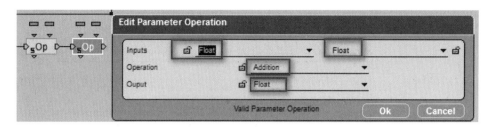

图　6-99

7）将Get Mouse Displacement的第二个参数输出连接到第一个Op的第一个参数输入，第一个Op的参数输出连接到第二个Op的第一个参数输入（图6-100）。

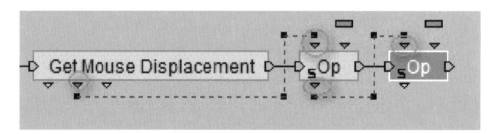

图　6-100

8）继续添加Threshold（Logics/Calculator）、Op（Logics/Calculator）和Video Basic Control（Video/Controls）行为模块，用来限定音量调节的范围（图6-101）。

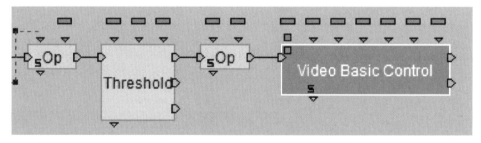

图　6-101

定义Op的参数运算方法为Float*Float=Float（图6-102）。

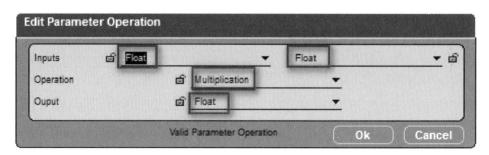

图　6-102

9）在脚本区空白区域单击鼠标右键，选择Add Local Parameter增加新参数，参数名字为Volume，类型为Float，这个参数用来储存当前声音的大小（图6-103、图6-104）。

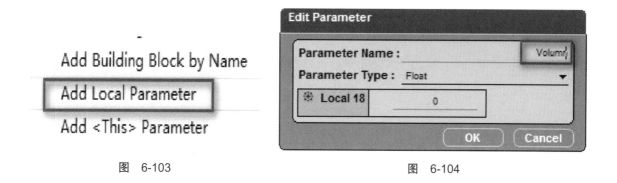

图　6-103　　　　　　　　　　　　　　　　图　6-104

10）选中新增加的参数，执行Copy复制、Paste as Shortcut粘贴快捷方式（图6-105~图6-107）。

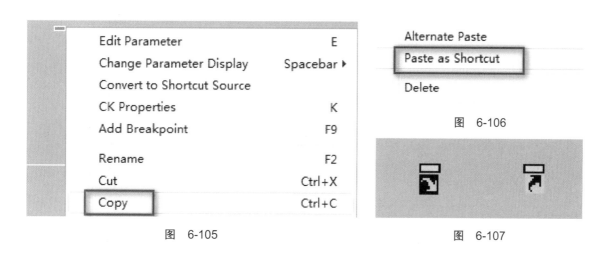

图　6-105　　　　　　　　　　　　　　　　图　6-106

图　6-107

对复制出来的参数快捷方式单击右键，选择Set Shortcut Group Color，为参数快捷方式标记一个颜色（图6-108、图6-109）。

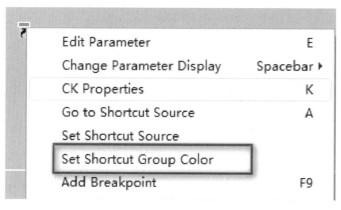

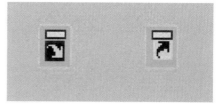

图　6-108　　　　　　　　　　　　　　　　图　6-109

11）再复制两个参数快捷方式，这三个参数快捷方式分别接Op的第二个参数输入及其参数输出和Threshold的第一个参数输入，并连接Threshold的参数输出和第三个Op的第一个参数输入，第三个Op的参数输出连接到Video Basic Control的第六个参数输入（图6-110）。

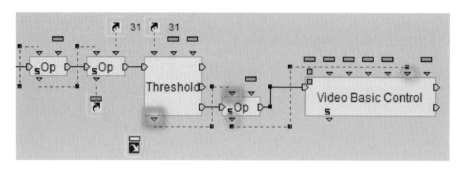

图　6-110

12）设定Threshold的范围，最小为1，最大为99（图6-111）。

设定Op的第二个参数值为0.01（图6-112）。

复制"播放/暂停 Script"的Current Video参数的快捷方式到"音量调节 Script"中，并置于Video Basic Control的上方，连接其到Target的目标参数上（图6-113）。

图　6-111

图　6-112　　　　　　　　　　　　　　　　　图　6-113

13）增加Identity（Logics/Calculator）行为模块，用来对Volume参数赋初值，连接Identity到Start起始端，并编辑其参数值为30（图6-114）。

图　6-114

完成后参见"mp3_05"。

6.6　开场文字介绍

1）为Level Scripts创建脚本，将其脚本命名为Introduction（图6-115）。

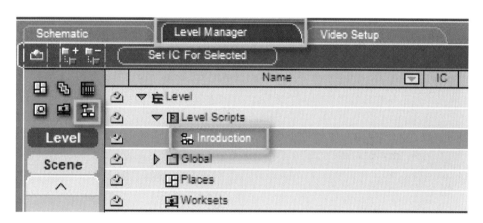

图　6-115

2）为Introduction脚本区添加Text Display（Interface/Text）行为模块，用来显示文本（图6-116）。

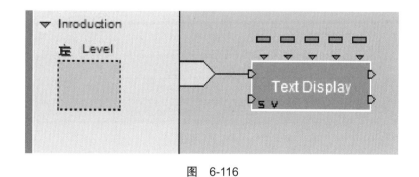

图　6-116

3）编辑Text Display参数，Offset为X：50、Y：50，Text参数设定多行文字时注意点击Text左侧的下图标，对文本进行展开（图6-117）。

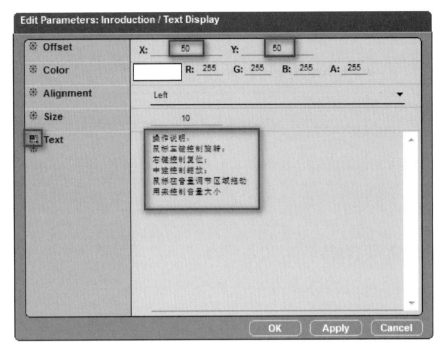

图 6-117

4）对Text Display单击右键选择Edit Settings，设定Sprite Size的大小为X：320、Y：300（图6-118、图6-119）。

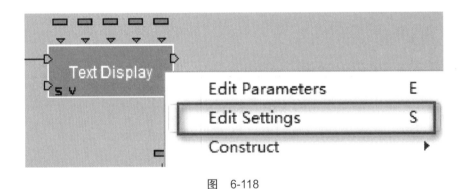

图 6-118

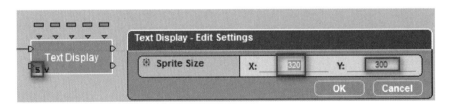

图 6-119

5）复制一个Text Display，用来显示当前音量大小（图6-120）。

6）在脚本区单击鼠标右键，选择Add Parameter Operation增加参数运算，参数运算形式为String+String=String（图6-121~图6-123）。

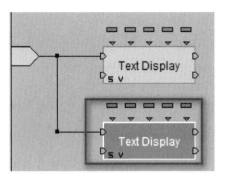

图　6-120

图　6-121

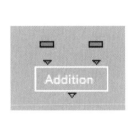

图　6-122

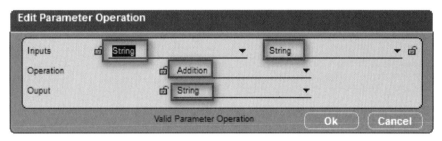

图　6-123

7）复制"音量调节 Script"中的最后一个Op的参数输出，在Introduction脚本区里创建快捷方式，并连接其到Addition的第二个参数输入端，Addition的参数输出连接到Text Display的最后一个参数输入端（图6-124~图6-126）。

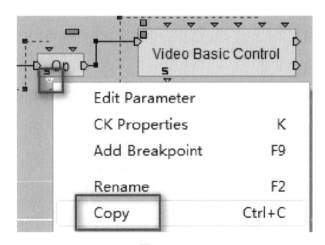

图　6-124

图　6-125

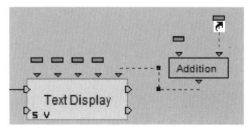

图　6-126

设定Text Display的Offset参数为X：650、Y：50（图6-127）。

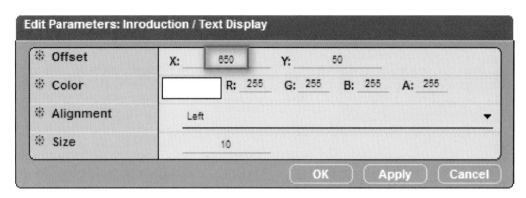

图　6-127

Addition的第一个参数为音量（图6-128）。

图　6-128

完成后参见"mp3_06"。

第 7 章

汽车虚拟演示案例制作过程

本章详细讲解了用鼠标和键盘控制汽车车门开启与关闭、车轮的更迭、车身颜色的更迭、座椅纹理的变化、汽车的全方位观看、汽车视角的放大与缩小、环绕摄影机的设置方法、脚本的整合及管理的方法。使读者全面掌握用鼠标、键盘以及界面控制产品交互效果的技法。

本章关键词：汽车；虚拟演示；界面控制；脚本

最终实现的交互效果如下：

1）左键单击界面右下角按钮，可控制车身颜色变化、轮胎更迭、内室座椅纹理变化。

2）控制区域的"播放/暂停"控制手动演示和自动演示切换。

3）左键单击界面中的方向按钮和加号、减号按钮可控制汽车的旋转和缩放。

7.1 背景与2D界面的添加与设置

1）打开资源库，点击Resources/Open Data Resource，在弹出的对话框中选择car.rsc（图7-1、图7-2）。

2）将car_protype.nmo（car\3D Entities）拖动到3D Layout视图区中，设定视角为New Camera（图7-3）。

3）设定3D Layout背景。将bg.png（car/

图 7-1

图 7-2

图 7-3

Textures）拖动到3D Layout视图区中（图7-4），在Level Manager里选中Level，单击鼠标右键，进入Level Setup，将Background Image参数设置成bg.png（图7-5、图7-6）。

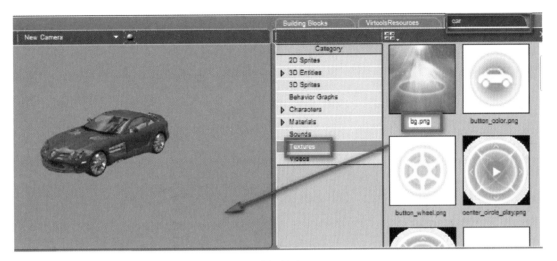

图 7-4

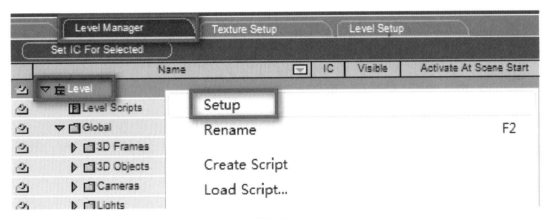

图 7-5

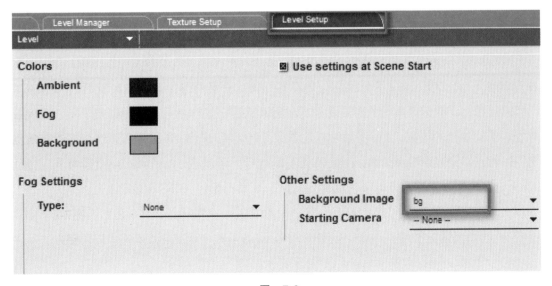

图 7-6

4）按住<Ctrl>键，将button_color、button_wheel、center_circle_play、center_circle_stop、zoom_in和zoom_out这几张图片一并加入到3D Layout中。在Level Manager里，展开Textures类别，选择新增加的几张贴图（除center_circle_play以外），单击鼠标右键，选择Actions/Object Creation/Create 2D Frame from texture，这样就可以快速地通过贴图生成2D Frame（二维帧）。生成的2D Frame会默认放在视图区的左上角（图7-7）。

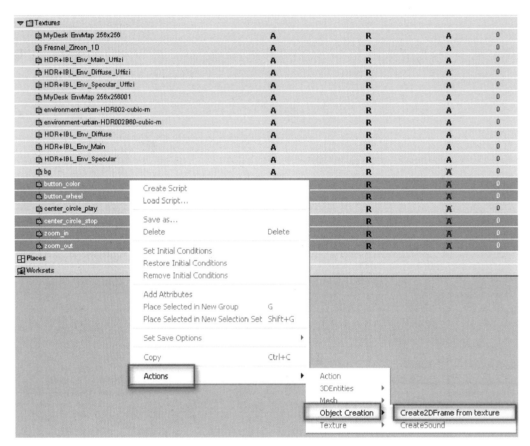

图 7-7

5）修改2D Frame相关的参数。通过3D Layout左侧的工具面板，可以对2D Frame的位置进行调整，1为选择工具，2为锁定选定对象工具。一旦所选择对象被锁定后，其他的对象就不能被选择上，要选择其他的对象就必须先解除锁定，这样就可以利用锁定工具，避免在移动对象时选到其他的对象，3为移动物件工具。另外，在选择对象时，当遇到一些对象难以被点选的时候，必须结合Level Manager面板进行选择。可以在Level Manager面板下，通过展开2D Frame类别，然后用鼠标单击相关的对象，同样也能进行选择（图7-8）。

在3D Layout中，选中2D Frame，单击鼠标右键，选择Material Setup（图7-9），进入2D Frame的材质设定面板，将Mode调整为Transparent，Diffuse值调到最大（图7-10）。对所有新增加的2D Frame执行同样的材质设定操作。

摆放新增加的2D Frame的位置（图7-11）。

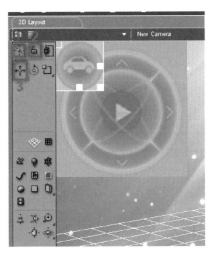

图 7-8

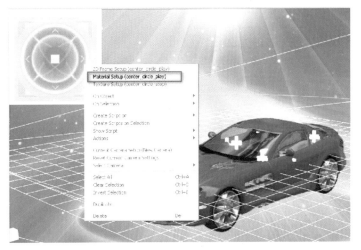

图 7-9

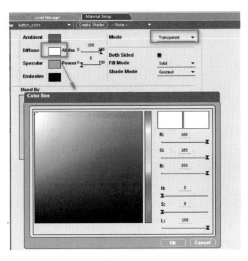

图 7-10

图 7-11

调整新增加的2D Frame图层顺序。在Level Manager里，选择2D Frame，单击鼠标右键，进入2D Frame Setup面板（图7-12）。

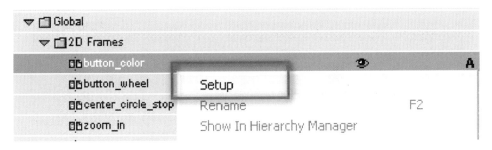

图 7-12

在2D Frame Setup面板里，Position表示的是2D Frame的位置，用一个二维坐标来表示（注意：Virtools屏幕坐标的原点是在视图区的左上角，往右是X轴的正方向，往下是Y轴的正方向）；Z Order表示2D Frame的图层顺序，Z Order值越大，越靠近屏幕的上方；Size表示的是2D Frame的大小（图7-13）。

设置center_circle_stop的Z Order为2，button_color和button_wheel的Z Order为1，Zoom_In和Zoom_Out的Z Order为0。完成后，参见范例"car_01"。

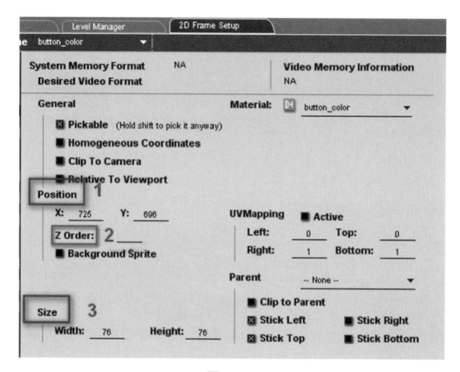

图　7-13

7.2　场景淡入淡出特效制作

1）从car\textures目录下导入fade.png图片至3D Layout窗口中，在Level Manager面板里对新增加的Texture执行Create 2D Frame from texture，根据贴图生成一个二维帧（图7-14、图7-15）。

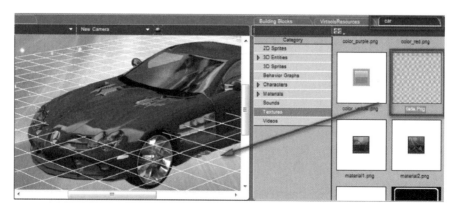

图　7-14

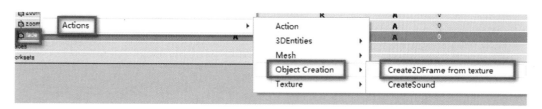

图 7-15

2）进入fade的2D Frame设定面板，设定其Z Order为3，让其显示在2D界面的最顶层，并在Level Manager里将它的状态设置成一开始隐藏（图7-16、图7-17）。

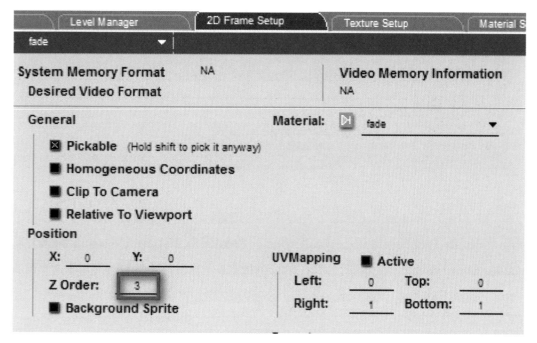

图 7-16

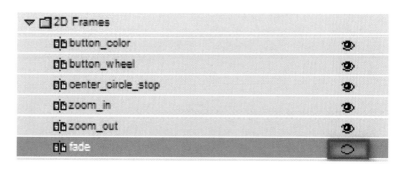

图 7-17

3）将fade的Material的Mode调整为Transparent（图7-18）。

4）在Level Manager面板里，为Level Scripts创建脚本，并将其命名为fade in and out（图7-19）。

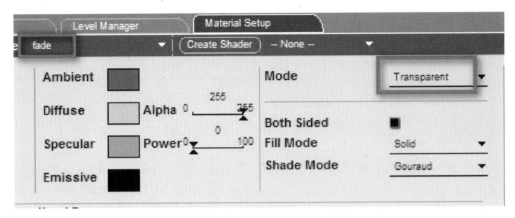

图 7-18

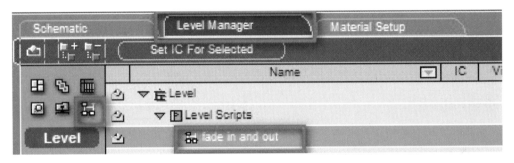

图 7-19

5）双击fade in and out脚本，进入其脚本编辑区，为其添加Show（Visuals/Show-Hide）、Bezier Progression（Logics/Loops）、Make Transparent（Visuals/FX）和Hide（Visuals/Show-Hide）行为模块，为Show和Hide增加作用目标（选中行为模块，单击右键，选择Add Target Parameter即可（图7-20）），并为这些行为模块建立行为连接（图7-21）。

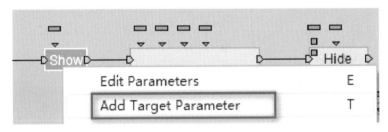

图 7-20

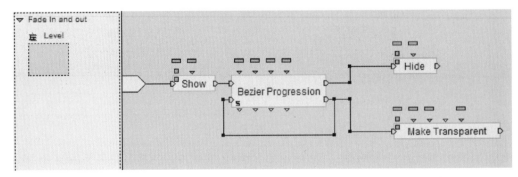

图 7-21

6）为Bezier Progression和Maker Transparent建立参数连接（图7-22）。

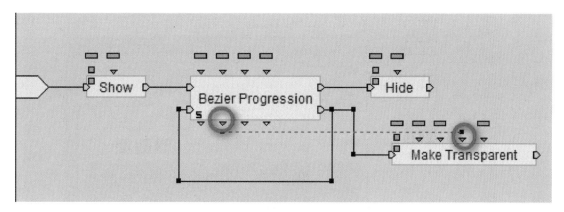

图　7-22

7）设定这些行为模块的参数（图7-23~图7-25）。

完成后参见"car_02"。

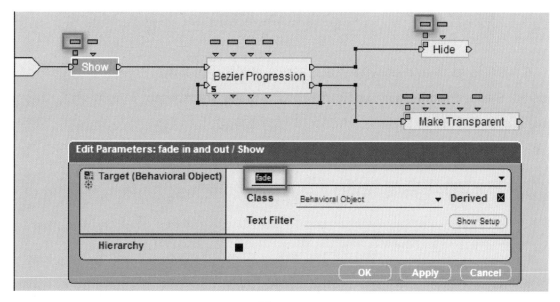

图　7-23

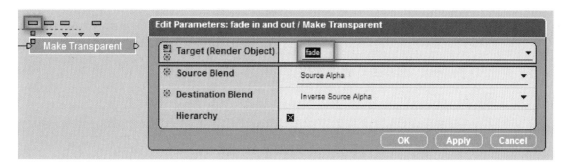

图　7-24

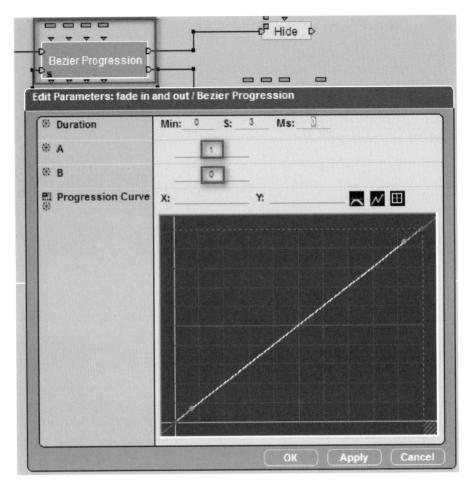

图　7-25

7.3　车门的开启与关闭

1）先将fade in and out脚本禁用，让其一开始不运行（图7-26）。

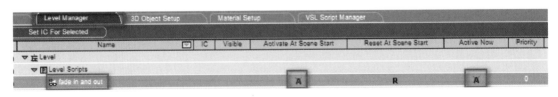

图　7-26

2）建立3D Frame，调整其位置（需切换不同的视角进行调整），用来规定车门旋转的旋转中心（图7-27）。

3）在Level Manager面板里将新增的3D Frame重新命名为Door Left，点击Editors/Hierarchy Manager，进入层级关系面板，建立Door Left 的3D Frame与左车门的父子级关系，车门与车窗、车镜的父子级关系，完成后为Door Left指定初始值（图7-28、图7-29）。

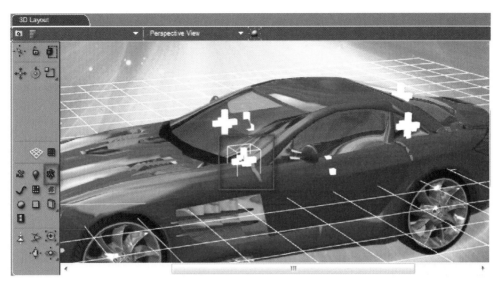

图　7-27

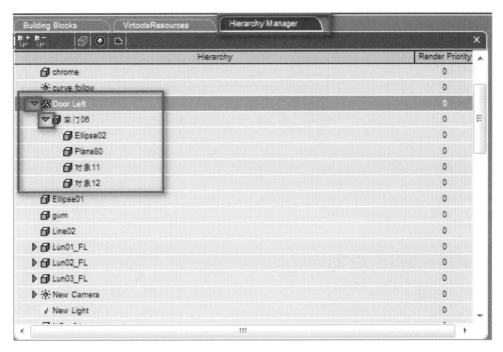

图　7-28

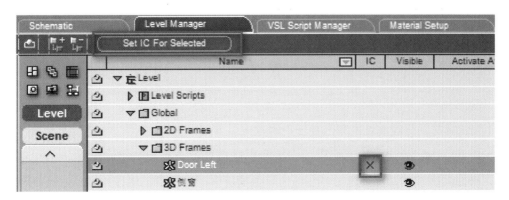

图　7-29

4）为车门新增加Script，进入其脚本编辑区，添加Bezier Progression（Logics/Loops）与Rotate（3D Transformations/Basic）行为模块，并建立行为连接（图7-30）。

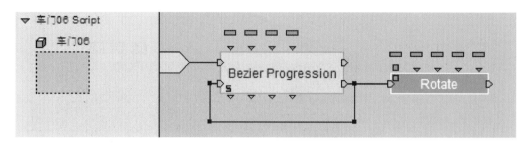

图 7-30

5）双击Bezier Progression的第二个、第三个参数，将其参数类型由Float更改为Angle（图7-31）。

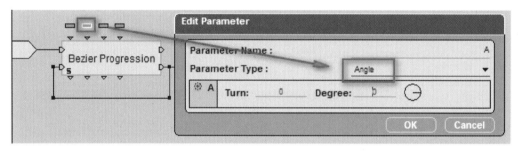

图 7-31

6）建立Bezier Progression和Rotate这两个行为模块之间的参数连接（图7-32）。

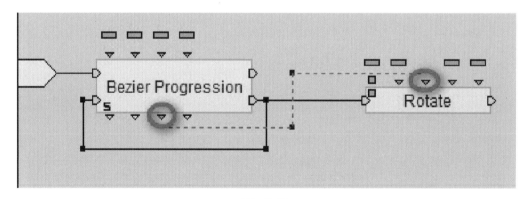

图 7-32

7）编辑Bezier Progression和Rotate的参数（图7-33、图7-34）。

8）测试播放，能观看到左车门被开启的效果。

9）对开门的行为进行封装处理：在脚本区空白区单击鼠标右键，选择Draw Behavior Graph，按住鼠标左键，拉出方框，使两个行为模块置于方框中。连接start开始端与Behavior Graph的In 0端，再连接Behavior Graph的In 0端与Bezier Progression In端（图7-35~图7-37）。

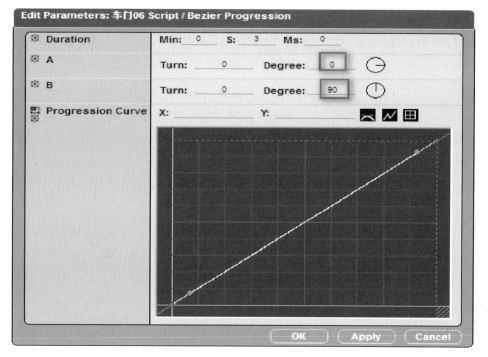

图 7-33

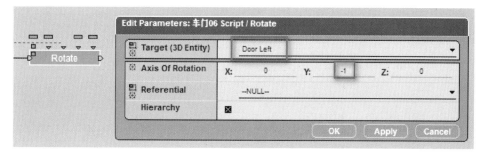

图 7-34

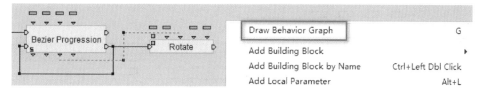

图 7-35

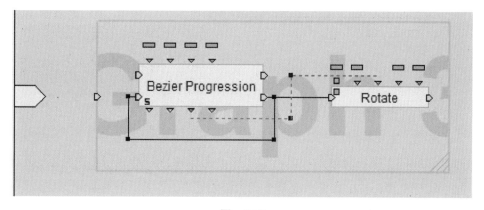

图 7-36

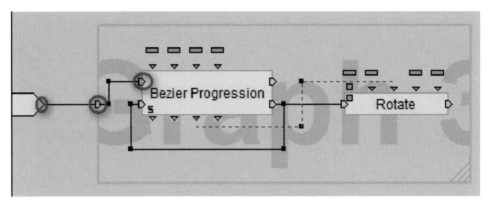

图 7-37

10）双击新增加的Graph 3，将其缩小，单击鼠标右键，选择Rename，将其重新命名为Open Door（图7-38、图7-39）。

11）对Open Door BG进行复制，并将复制出来的BG重命名为Close Door，让它来完成关门的动作，并对Close Door BG的个别参数作修改（图7-40、图7-41）。

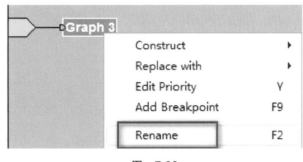

图 7-38

图 7-39　　　　　　　　　　　　　　　　　图 7-40

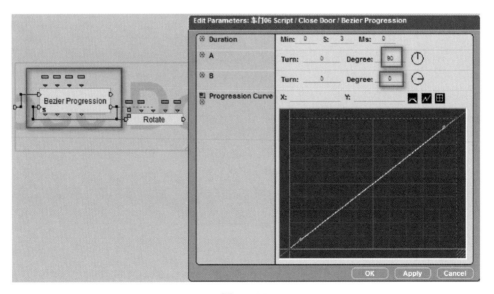

图 7-41

12）在开门和关门动作之前加入Wait Message（Logics/Message）和Sequencer（Logics/Streaming）行为模块，实现鼠标点击到车门，车门才开启，再次点击时，车门关闭（图7-42）。

13）对右侧的车门作以上类似的设定，完成后参见范例"car_03"。

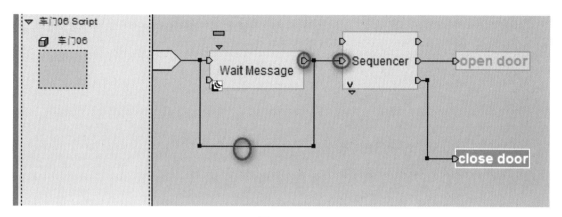

图 7-42

7.4 汽车车轮的更迭

1）从素材库里把menu_bg2、wheel1、wheel2、wheel3贴图文件导入到3D Layout视图区窗口中，并对新增加的Texture文件执行Create 2D Frame from texture操作（图7-43、图7-44）。

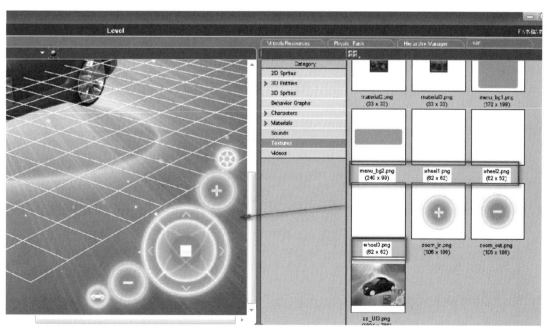

图 7-43

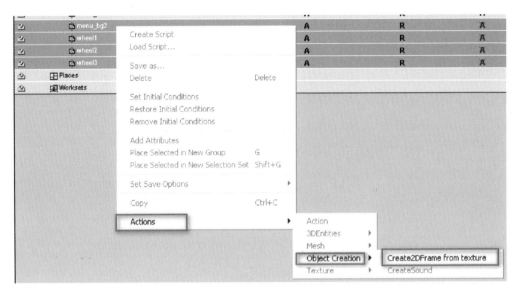

图 7-44

2）在3D Layout中，选中2D Frame，单击鼠标右键，选择Matetial Setup，进入2D Frame的材质设定面板，将Mode调整为Transparent，Diffuse值调到最大（图7-45、图7-46）。对所有新增加的2D Frame执行同样的材质设定操作。

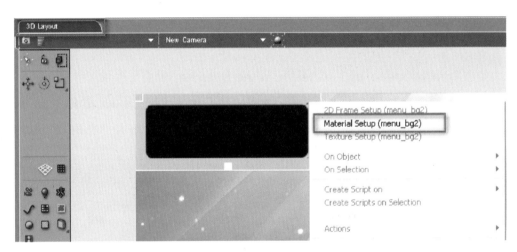

图 7-45

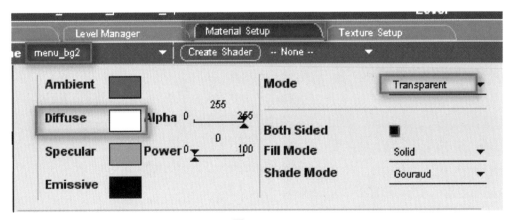

图 7-46

3）摆放新增加的2D Frame的位置（详细的制作方法可以参考下1节2D界面制作的方法）（图7-47）。

4）设置menu_bg2与wheel1、wheel2、wheel3之间的层级关系，让wheel1、wheel2、wheel3成为menu_bg2的子物体（图7-48）。

5）设定menu_bg2与wheel1、wheel2、wheel3这四个2D Frame的初始位置，让这些文件一开始不显示（图7-49）。

6）在Level Manager面板里，为Level Scirpts创建Interface脚本（图7-50）。

图　7-47

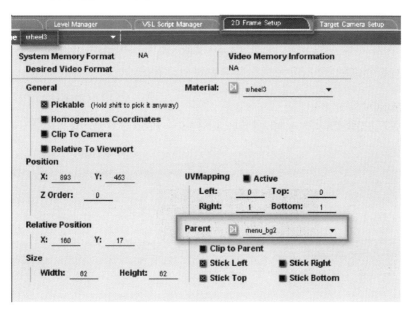

图　7-48

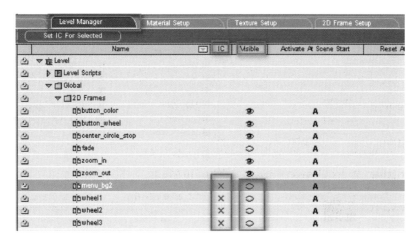

图　7-49

7）进入Interface脚本，为其添加Mouse Waiter（Controllers/Mouse）、2D Picking（Interface/Screen）行为模块（图7-51），编辑Mouse Waiter的内部参数（选中行为模块，单击右键，选择Edit Settings（图7-52）），让Mouse Waiter只侦测鼠标左键的动作（图7-53）。

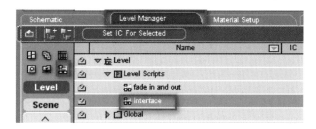

图　7-50

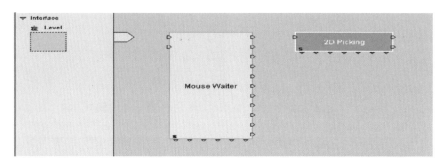

图　7-51

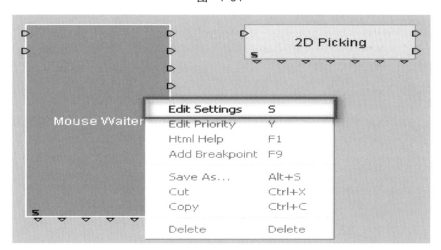

图　7-52

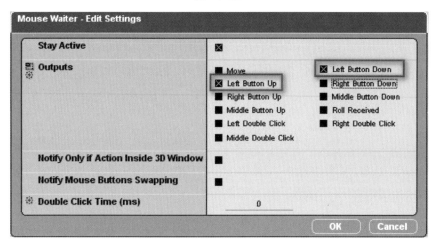

图　7-53

8）将资源库Car\Behavior Graphs目录下的Is Inside 2D Frame拖动到Interface的脚本区里，这个BG是用来判断鼠标进入到2D Frame的程度的（图7-54）。

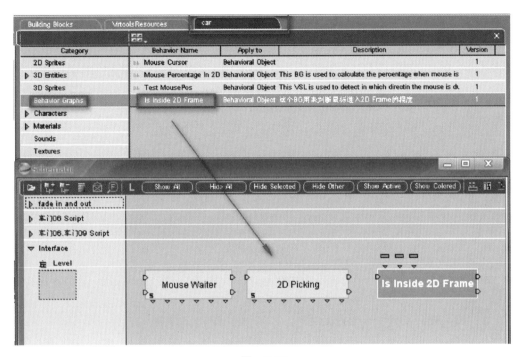

图　7-54

9）建立Mouse Waiter、2D Picking和Is Inside 2D Frame这三个行为模块的行为连接及参数连接（图7-55、图7-56）。

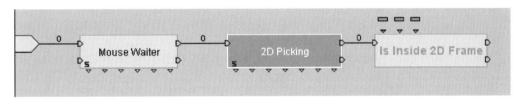

图　7-55

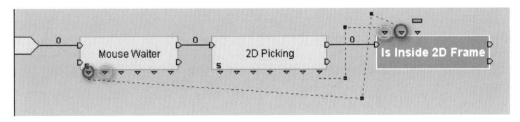

图　7-56

10）编辑Is Inside 2D Frame的第三个参数，设定其为0.5，即只有鼠标进入到2D Frame的一半时才会激活后面的流程（图7-57）。

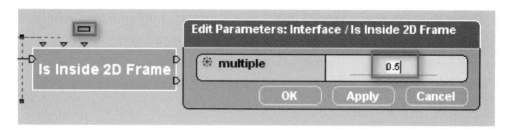

图 7-57

11）添加Switch On Parameter（Logics/Streaming）行为模块到Interface的脚本区，双击第一个参数输入，设定其参数类型为2D Entity（图7-58、图7-59）。

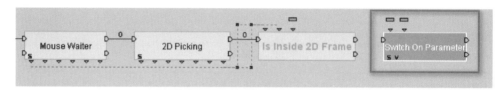

图 7-58

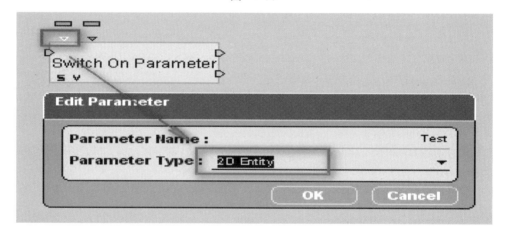

图 7-59

12）建立Switch On Parameter的行为连接和参数连接，编辑其参数（图7-60、图7-61）。

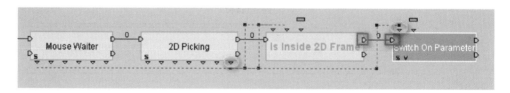

图 7-60

图 7-61

13）在Switch On Parameter后面添加Sequencer（Logics/Streaming）、Show（Visuals/Show-Hide）和Hide（Visuals/Show-Hide）行为模块（图7-62）。

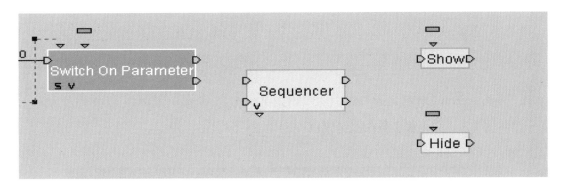

图 7-62

14）为Sequencer增加一个行为输出端口，Show和Hide分别增加目标参数，建立行为连接，编辑参数（图7-63~图7-65）。

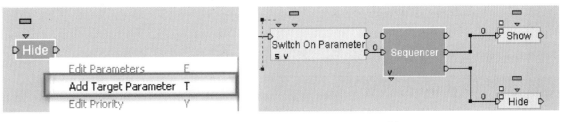

图 7-63   图 7-64

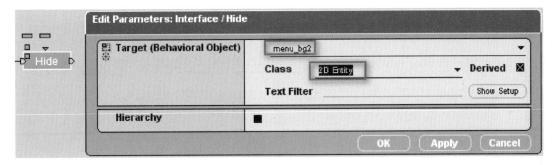

图 7-65

15）测试播放，即可以实现点击button_wheel对menu_bg2显示和隐藏的来回切换。

16）对Switch On Parameter行为模块执行增加行为输出端口的操作，并设定新参数的参数值（图7-66、图7-67）。

17）在Switch On Parameter后面添加3个Show和6个Hide行为模块，用来显示隐藏三套车轮组合。为Show和Hide增加Targets目标参数，连接Show和Hide到Switch On Parameter的新增加的行为输出端口。设定第一列Show&Hide的目标参数为Lun03_FL，第二

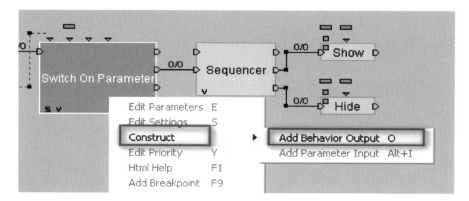

图　7-66

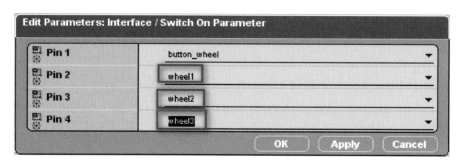

图　7-67

列Show&Hide的目标参数为Lun02_FL，第三列Show&Hide的目标参数为Lun01_FL。注意Show和Hide行为模块的Hierarchy选项必须叉选上（图7-68~图7-70）。

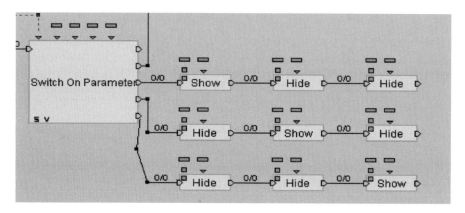

图　7-68

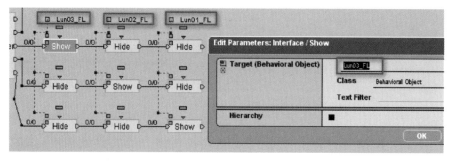

图　7-69

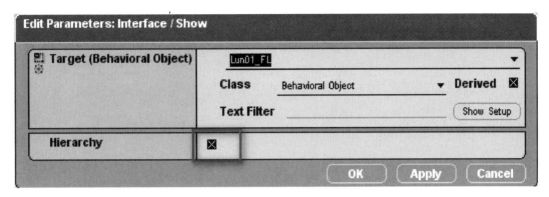

图　7-70

完成后参见"car_04"。

7.5　汽车车身颜色的更迭

1）将素材库里的color_blue到menu_bg1等10张贴图文件导入到3D Layout视图区窗口中，并对新增加的Texture文件执行Create 2D Frame from texture操作（图7-71）。

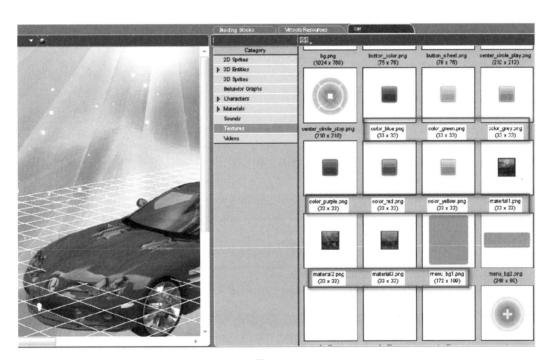

图　7-71

2）下面的操作按照7.3节的2）~5）步骤进行，2D Frame之间的位置关系如图7-72所示。

3）在Interface脚本区里添加Sequencer、Show和Hide行为模块，用来对menu_bg1进行显示和隐藏的操作，Show和Hide目标参数为menu_bg1（图7-73、图7-74）。

4）测试播放，即可以实现点击button_color对menu_bg1显示和隐藏的来回切换。

图 7-72

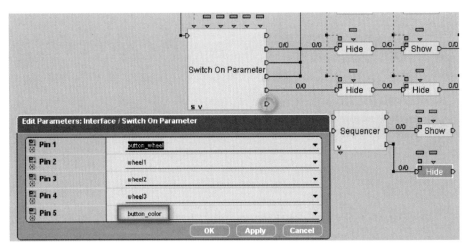

图 7-73

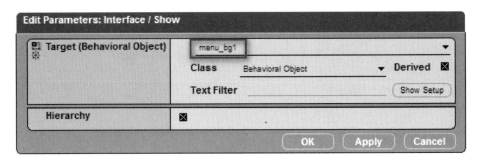

图 7-74

5）再为Switch On Parameter增加6个行为输出端口，用来对6个色块按钮进行侦测（图7-75）。

6）在Switch On Parameter后面添加Parameter Selector（Logics/Streaming）行为模块，并为Parameter Selector增加5个行为输入端口，设定其输出参数类型为Color（图7-76~图7-78）。

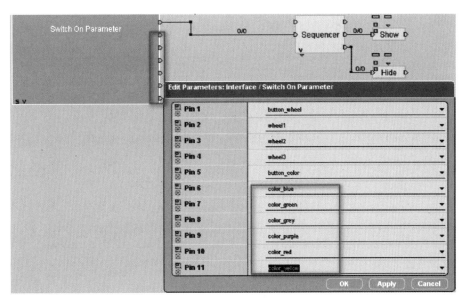

图 7-75

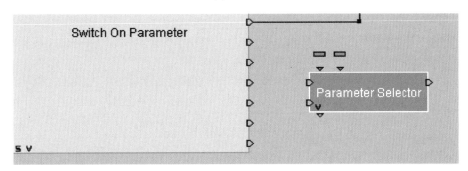

图 7-76

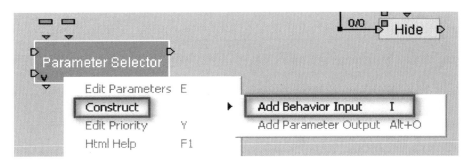

图 7-77

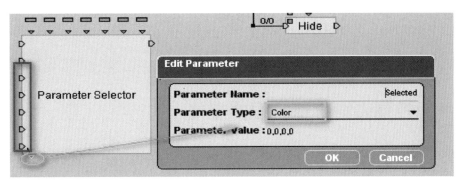

图 7-78

7）编辑Parameter Selector行为模块的参数（图7-79）。

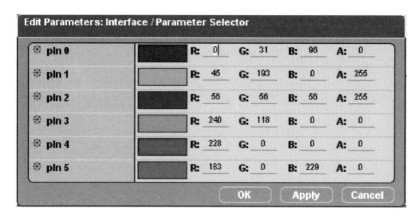

图　7-79

8）添加Set Diffuse 行为模块，编辑其参数（图7-80、图7-81）。

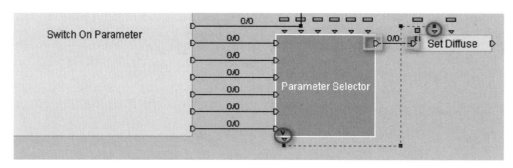

图　7-80

图　7-81

完成后参见"car_05"。

7.6　界面控制内饰座椅纹理的变化

1）在Level Manager面板中，选中座椅，单击鼠标右键，选择Material Setup，进入材质设定面板（图7-82）。

图 7-82

2）调整座椅材质的Ambient和Diffuse参数（图7-83）。

3）将资源库中的三张座椅贴图一并拖动到3D Layout视图区窗口中（图7-84）。

4）在Interface脚本区中，为Switch On Parameter执行Construct/Add Behavior Output 3次，增加3个输出端口（图7-85）。

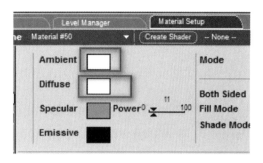

图 7-83

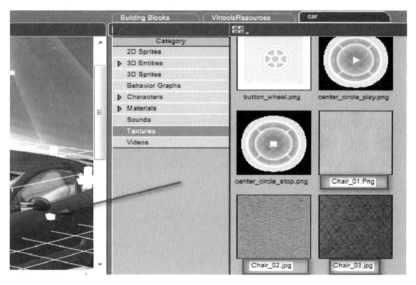

图 7-84

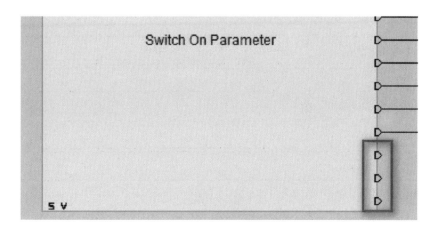

图 7-85

5）对新增加的三个参数指定参数值，分别为material1、material2和material3（图7-86）。

图 7-86

6）增加3个Set Texture（Materials-Textures/Basic）行为模块，分别连接Switch On Parameter新增加的行为输出端口（图7-87）。

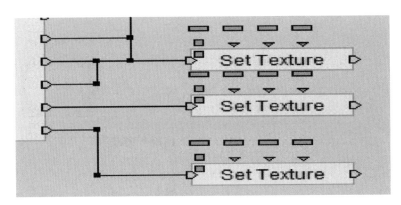

图 7-87

7）编辑这三个Set Texture的Target（Material）、Texture参数，Material都为Chair，Texture分别为Chair_01、Chair_02和Chair_03（图7-88）。

图 7-88

完成后参见"car_06"。

7.7 界面控制汽车的全方位观看

1）为center_circle_stop创建脚本，在它的脚本区添加Mouse Waiter（Controllers/Mouse）、2D Picking（Interface/Screen）和Test（Logics/Test）行为模块，Mouse Waiter只保留左键按下、左键抬起和Move的事件（图7-89~图7-91）。

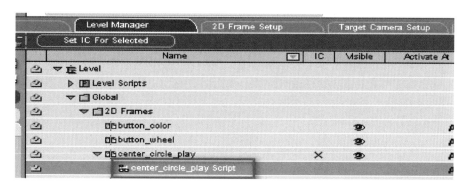

图 7-89

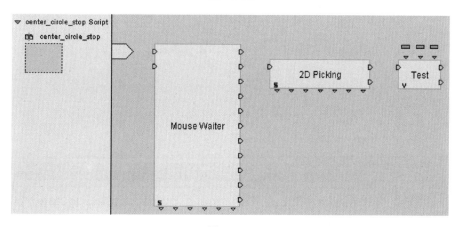

图 7-90

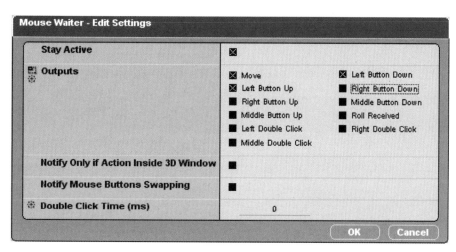

图 7-91

2）修改Test 行为模块第二个和第三个输入参数的参数类型为2D Entity（图7-92）。

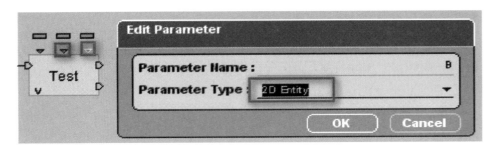

图 7-92

3）为这三个行为模块建立行为连接和参数连接（图7-93）。

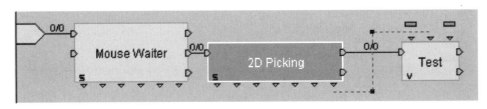

图 7-93

4）将Test 行为模块参数的Test设定为Equal，B设定为center_circle_stop（图7-94）。

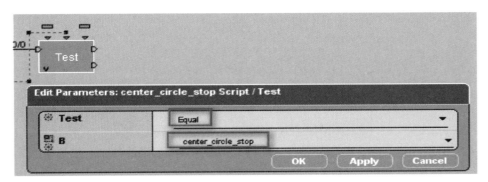

图 7-94

5）将资源库car\Behavior Graphs目录下的Mouse % In 2D Frame BG加入到Test 行为模块之后，并进行连接（图7-95）。这个BG用来计算鼠标进入2D Frame的程度，计算结果以百分比的形式输出。

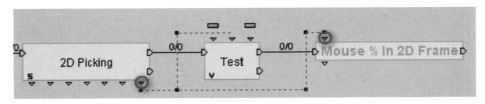

图 7-95

6）添加Threshold行为模块，用来判断鼠标进入2D Frame程度的不同从而激发不同的流程（图7-96）。

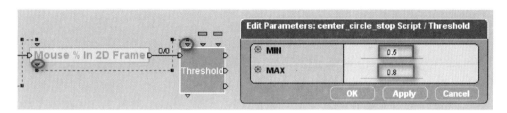

图 7-96

7）从资源库car\Behavior Graphs路径下，将Test Mouse Pos导入到center_circle_stop的脚本区里，这个BG的作用是判断是否鼠标在2D Frame中的位置（上，下，左，右）不同而激发不同的流程，并连接Mouse Waiter的第一个参数输出到Test Mouse Pos的第二个参数输入，Threshold的第三个行为输出到Test Mouse Pos的行为输入，设定Test Mouse Pos的第一个参数值为center_circle_stop（图7-97）。

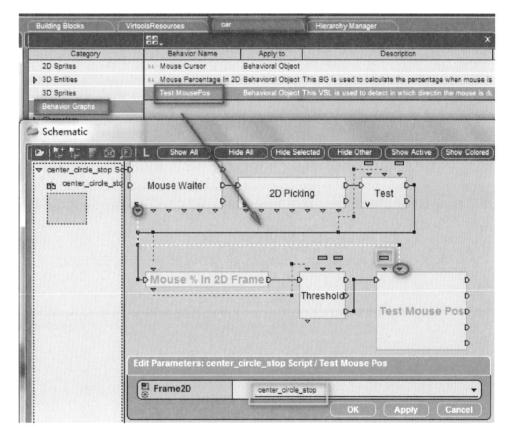

图 7-97

8）在Test Mouse Pos后面添加Keep Active（Logics/Streaming）、Parameter Selector（Logics/Streaming）和Rotate Around（3D Transformations/Basic）行为模块，并连接Keep Active行为模块的In 3与In 4端到Test Mouse Pos的Left与Right行为输出端（图7-98）。

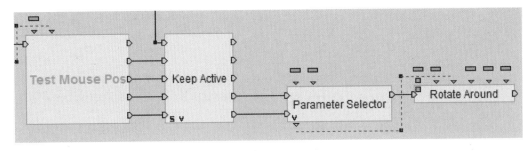

图 7-98

9）重新设定Parameter Selector输出的参数类型为Angle，并编辑其外部参数（图7-99、图7-100）。

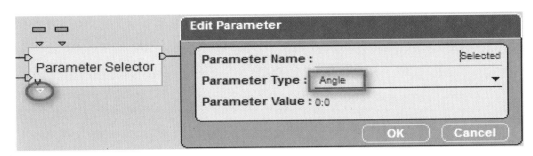

图 7-99

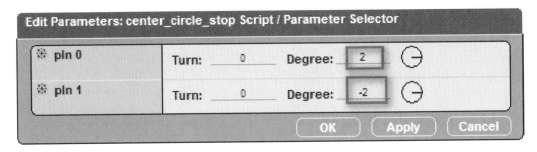

图 7-100

10）在Parameter Selector与Rotate Around之间建立参数连接，将Parameter Selector的参数输出连接到Rotate Around的第三个参数输入，并设定Rotate Around的外部参数（图7-101）。

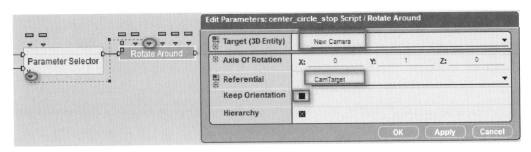

图 7-101

11）连接Mouse Waiter的Left Button Up到Keep Active的Reset输入端，实现按下鼠标左键控制摄影机旋转，松开左键旋转停止（图7-102）。

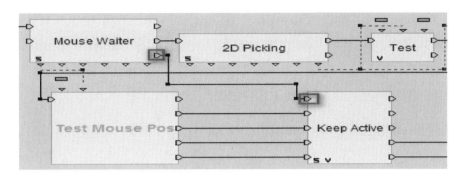

图 7-102

12）测试播放，即可实现鼠标分别点击center_circle_stop的左、右两端控制摄影机的左右旋转。

13）继续在Keep Active后添加Rotate Around（3D Transformations/Basic）与Threshold（Logics/Calculator）行为模块，并将其连接到Test Mouse Pos行为模块的In 1端和 In 2端连接到Test Mouse Pos的up、down所对应的输出端口（图7-103）。

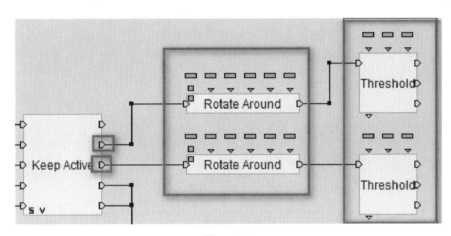

图 7-103

14）编辑两个Rotate Around行为模块的参数，Angle Of Rotation的值为一正一负，Angle Of Rotation决定旋转速度，可根据需要自行调整（图7-104）。

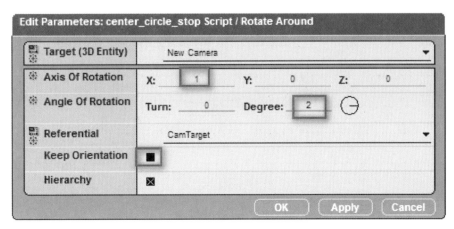

图 7-104

15）打开资源库目录下的Behavior Graphs/Calculate the proportion，将其连接到Start起始端，这个BG里面是一些复杂的参数运算，可以用来计算New Camera与CamTarget之间高度差与二者距离的比值，这个比值决定New Camera绕CamTarget旋转的角度；对BG的参数输出进行复制；粘贴快捷方式的操作等（图7-105~图7-107）。

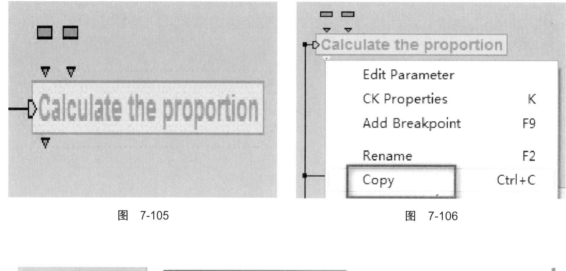

图 7-105　　　　　　　　　　　　　　图 7-106

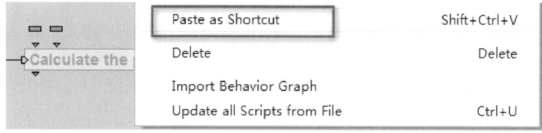

图 7-107

编辑Calculate the proportion的两个外部参数，分别为New Camera与CamTarget（图7-108）。

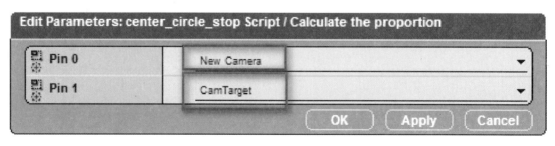

图 7-108

16）将复制出的参数快捷方式移到Threshold的上方，连接两个Threshold的第一个参数输入至这个参数快捷方式（图7-109）。

17）按住<Shift>键将Threshold前面的Rotate Around拖动到Threshold的后面，编辑复制出来的Rotate Around的参数（图7-110）。

将复制出来的轴向定义成与原来相反的方向，意在当Camera绕目标旋转超过一定角度时让其往反方向旋转（图7-111）。

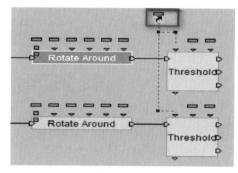

图　7-109

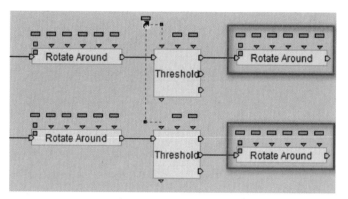

图　7-110

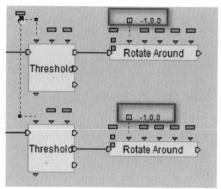

图　7-111

完成后参见"car_07"。

7.8　界面控制汽车的放大和缩小

1）动态调整center_circle_stop的Z order值，复制2D Picking、Test、Mouse % In 2D Frame、Threshold，将其连接到Mouse Waiter的Move输出端口（图7-112）。

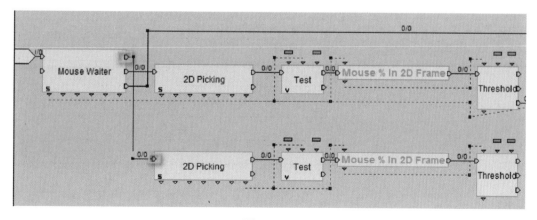

图　7-112

2）在Threshold后面添加Edit 2D Entity（Visuals/2D）行为模块，并对其进行内部参数的设定，只保留Z Ordering的选项（图7-113）。

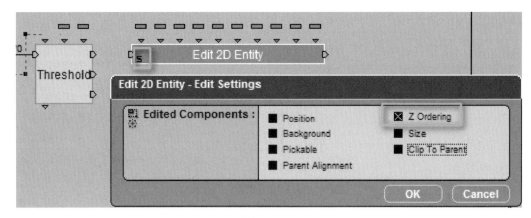

图 7-113

3）将Edit 2D Entity连接到Threshold的第二个行为输出端口，复制一个Edit 2D Entity，并将其连接到Threshold的第一个及第三个行为输出端口（图7-114、图7-115）。

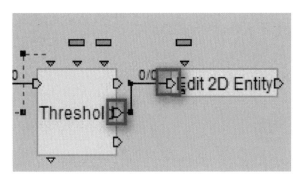

图 7-114

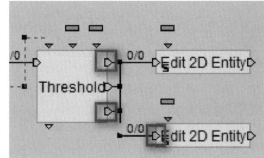

图 7-115

4）设定Edit 2D Entity的参数（图7-116）。

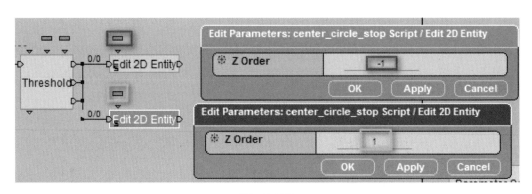

图 7-116

5）回到Interface的脚本区里，为Switch On Parameter再增加两个行为输出端口，并设定这两个新增加参数的参数值为zoom_in和zoom_out（图7-117）。

6）添加两个Keep Active和Translate，并将其分别连接到Switch On Parameter新增加的

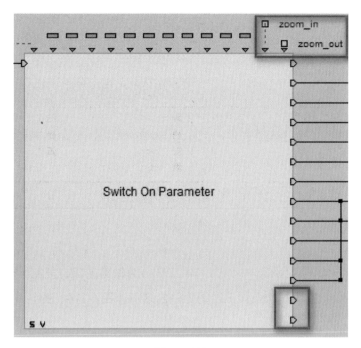

图　7-117

两个行为输出端口。注意，Switch On Parameter的行为输出端口连接的是Keep Active的第二个行为输入端口（图7-118）。

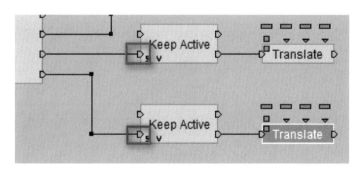

图　7-118

编辑Translate的参数。注意，第一个Translate的Translate Vector参数值为X：0、Y：0、Z：5，第二个为X：0、Y：0、Z：-5，Hierarchy选项不用勾选（图7-119）。

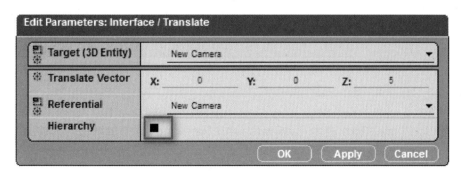

图　7-119

连接两个Keep Active的Reset端至Mouse Waiter的Left Button Down Received出口端。

7）测试播放，即可实现点击zoom_out对汽车进行放大，点击zoom_in对汽车进行缩小。完成后参见"car_08"。

7.9 环绕摄影机的制作

1）先将center_circle_stop Script脚本禁用，让其一开始不运行（图7-120）。

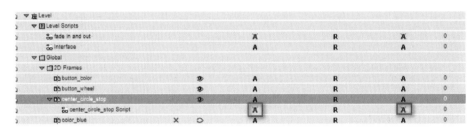

图　7-120

2）从资源库car\3D Entities目录导入Path.nmo。

3）创建curve follow摄影机（图7-121）。

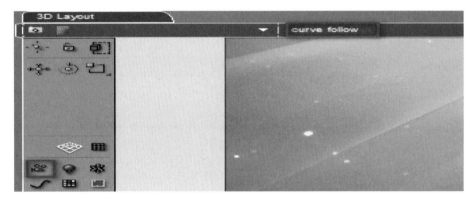

图　7-121

4）为Level Scripts创建名为Cam Follow的脚本（图7-122）。

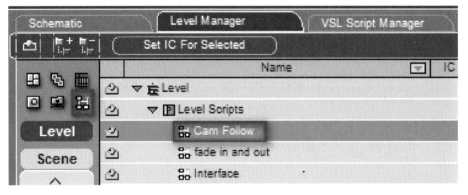

图　7-122

5）进入Cam Follow的脚本，添加Curve Follow （3D Transformations/Curve） 和Look At（3D Transformations/Constraint）行为模块（图7-123）。

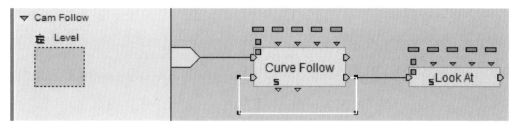

图 7-123

6）编辑Curve Follow和Look At行为模块的参数（图7-124、图7-125）。

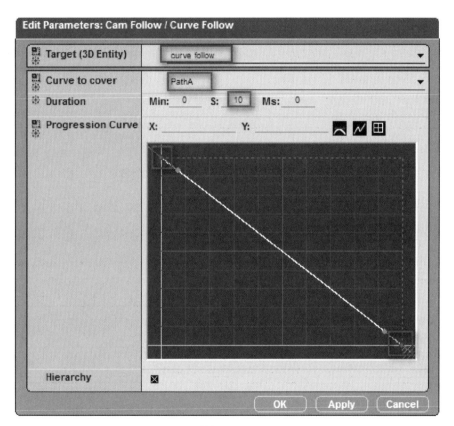

图 7-124

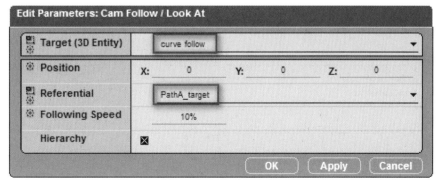

图 7-125

7）测试播放，即可看到curve follow摄影机绕PathA路径运动的效果。

8）复制Curve Follow和Look At行为模块，并在两个Curve Follow之间添加Delayer
（Logics/Loops）行为模块（图7-126）。

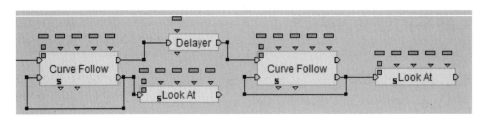

图　7-126

9）设定Delayer参数（图7-127）。

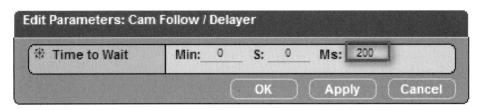

图　7-127

10）修改第二个Curve Follow的Curve to cover参数为PathB（图7-128）。

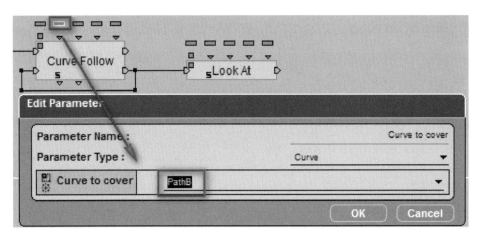

图　7-128

11）复制Delayer行为模块，其In端口接第二个Curve Follow的Out输出端口，Out端口接
第一个Curve Follow的In端口（图7-129）。

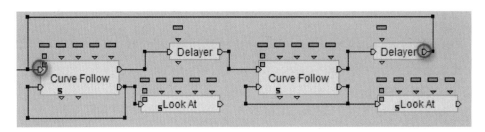

图　7-129

12）测试播放，即可看到curve follow摄影机绕PathA、PathB路径运动的效果。
完成后参见"car_09"。

7.10　脚本的整合及管理

1）先将Cam Follow脚本禁用，让其一开始不运行；同时，对center_circle_stop脚本解除禁用（图7-130、图7-131）。

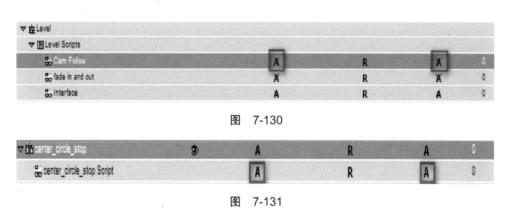

图　7-130

图　7-131

2）在center_circle_stop脚本里，添加Sequencer（Logics/Streaming）、Set As Active Camera（Cameras/Montage）、Set Texture（Materials-Textures/Basic）、Activate Script（Narratives/Script Management）和Deactivate Script（Narratives/Script Management）行为模块（图7-132）。

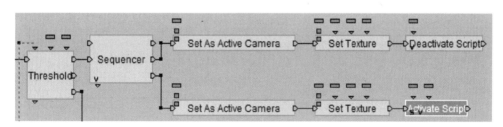

图　7-132

3）编辑这些新增加行为模块的参数（图7-133）。

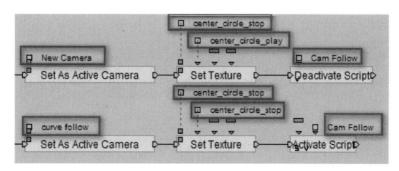

图　7-133

4）连接第二个Set As Active Camera到start起始端，使程序一开始的视角切换到curve follow（图7-134）。

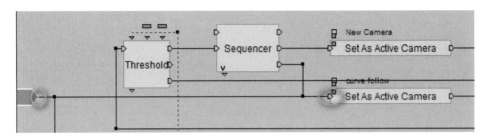

图 7-134

5）继续添加一对Activate Script与Deactivate Script行为模块，实现对fade in and out脚本的控制，同时在cam follow脚本里添加Activate Script行为模块（图7-135、图7-136）。

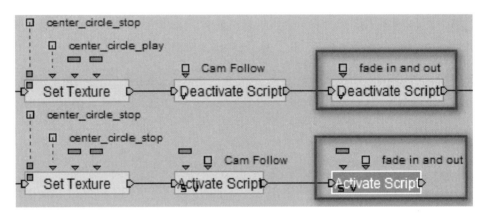

图 7-135

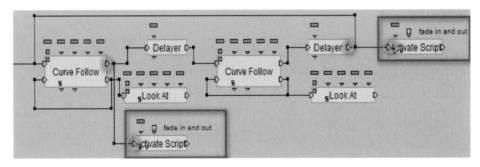

图 7-136

6）在center_circle_stop脚本里添加Restore IC（Narratives/States）行为模块，设定其参数（图7-137）。

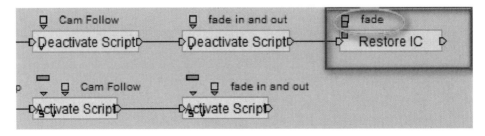

图 7-137

7）在Level Manager为Level Script创建Intro脚本，用来显示操作说明（图7-138）。

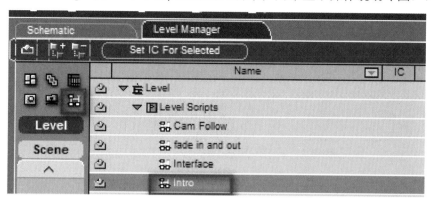

图 7-138

8）在Intro脚本中添加Text Display和Delayer行为模块。注意，Delayer的Out端口接Text Display的Off端口（图7-139）。

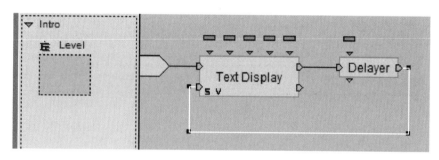

图 7-139

9）编辑Text Display参数，Offset为X：50、Y：50，Text参数定义是要点击左侧的图标用来一次输入多行文字（图7-140）。

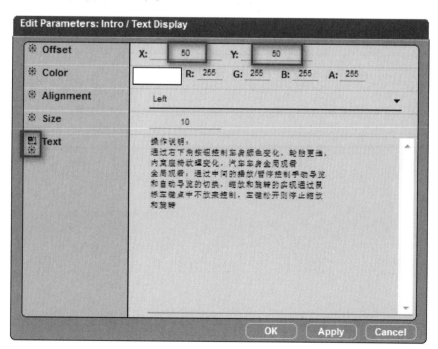

图 7-140

10）选中Text Display单击鼠标右键选择Edit Settings编辑内部参数（图7-141）。

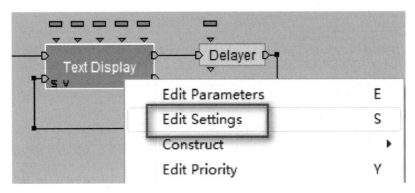

图 7-141

定义Sprite Size大小为X：350、Y：600（图7-142）。

图 7-142

11）Delayer的延时设置为10s（图7-143）。

图 7-143

完成后参见"car_fina"。

第 8 章

交互效果图的应用前景

本章主要展望了交互效果图在产品设计中的应用前景，随着虚拟技术、传感技术、人工智能、图像识别、语音识别技法的发展，人与虚拟空间的交互方法将更趋向于自然行为特征。该技术手段在产品表现上必将提供更加自然、真实、互动的产品体验感受。

本章关键词： 交互效果图；线性动画；虚拟技术；图像识别；语音识别

由于交互效果图在产品表现上具有与操作者友好的互动性、产品表现的真实性等优点，故越来越受到业界人士的青睐。它可以改变二维效果图表现的单调性，常见的二维效果图只能对产品的某一角度或某些细节进行表现，在全面表达产品的创意方面还存在着不足；同时交互效果图也可以突破传统线性动画的主观性，线性动画是按照设计师的主观设想对产品进行表现，而交互效果图实现了使用者与产品的互动，使用者可以主动选择观看模式，而不是被动地接受信息。交互效果图支持实时渲染功能，设计师可以把作品放在互联网上与同行或者使用者之间进行互动交流；企业不仅可以在互联网上采用互动的方式演示产品，也能在产品的可行性分析等阶段应用此方法；一些在线网站通过此技术能全方位地展示所出售的产品，使购买者能更真实地了解产品的性能特点。

有些服装企业建立的虚拟网就收到了良好的市场反馈，在虚拟网站上用户把自己身体的特征尺寸（如身高、肩宽、胸围、腰围等）或者真实照片输入网站，系统就可以根据输入的参数建立人体模型，购买者真正做到了"足不出户"就可以试穿衣服，并且实时体验不同服装的穿着效果，不仅节省了用户逛商场所花费的时间，而且也减少了在商场中频繁试换衣服的麻烦。目前，国外的很多公司都在产品的研发中采用了此方法，并且取得了很好的效果，比如，美国波音公司在波音777机型的设计制作中就采用无纸设计和虚拟组装的方法，大量地节省了研究经费和缩短了研发时间。

德国Darmstadt的Fraunhofer计算机图形学研究所（JGD）开发的名为"虚拟设计"的VR组合工具，能使图像跟随声音同步显示，使交互效果图又拓展了新的发展空间。目前，德国汽车行业应用交互表现非常广泛，比如德国的所有汽车企业都建立了VR项目研发。宝马、奔驰、大众、标致等公司的应用结果显示，以"数字汽车"模型来代替油泥或者铁皮制的汽车模型，能将开发新车的时间从一年以上缩短到2个月左右，开发成本也可以降低原来的10%。图8-1所示为标致汽车公司的研究人员在进行可行性测试。宝马汽车公司也预言：采用交互表

图　8-1

现等VR 技术进行虚拟产品的原型开发将在汽车及其他工业中发挥更加重要的作用。图8-2所示为某汽车公司的技术人员在测试用虚拟设备来控制汽车的空间位置的变化、车门的开关以及观看视角变化的效果，以实现虚拟设备与三维图形的对接。毋庸置疑，随着计算机技术、传感技术、人工智能、图像识别、语音识别等技术的发展，人与虚拟空间的交互会更加趋于人的自然行为特征，就如同人们在平时的生活中行为动作一样，行为上没有任何的屏障与不便。这样的交互方式也必将在未来的科研和产品开发等环节上大有作为。

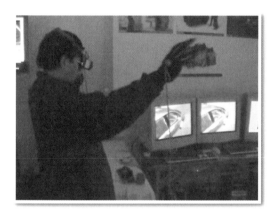

通过数据手套控制车的位置

控制车门的开关

通过手势的变化切换视角

通过不同的手势切换视角

图 8-2

致　　谢

坐在办公室的椅子上，望着路上飞驰而过的汽车，心头思绪万千。一年多的时光匆匆而过，其间的感受在脑海中浮现。从满腔热情到漫无边际，从欣喜若狂到焦头烂额，从沾沾自喜到一无是处，从黔驴技穷到茅塞顿开多种思想的磨砺，整个过程是对自身的洗礼。自己能静下心来针对不同的情况提出问题到分析问题直到解决问题过程的梳理，既是对自己教学的一次总结，也是对自身业务的一次提升。

本书能最终完成，得到了很多人的无私帮助，请原谅不能在此一一列出。

感谢爱迪斯通（成都）科技有限公司的经理陈德陆先生，如果没有你赠送的第一本资料，就不能燃起我对Virtools这个软件工具的热情。

感谢武汉理工大学艺术与设计学院方兴教授，如果没有在工作室学习期间接触虚拟表现的机会，我也不可能涉足此领域。同时还要感谢方教授对于此书编写中所提出的宝贵建议。

感谢我的家人和朋友，如果没有你们默默无闻的支持与帮助，我就不能全力以赴地投入此书的编写。

感谢燕山大学张玉江教授和机械工业出版社的冯春生编辑，如果没有你们发起那次出版教材的研讨会，我可能没有如此之大的动力来完成此书。

路上的车依然在川流不息，自己的思绪也随之飘荡。而看着眼前的文字，才觉察书已至尾声，是就此止笔的时候了。

参 考 文 献

［1］吴明勋. Virtools User Bible 使用手册［M］. 台北：爱迪斯通科技股份有限公司，2006.

［2］刘明昆. 游戏数位动力　开发工具篇［M］. 台北：文魁资讯股份有限公司，2004.

［3］刘明昆. 三维游戏设计师宝典 3［M］. 汕头：汕头大学出版社，2006.

［4］王乘. Vega 实时三维视景仿真技术［M］. 武汉：华中科技大学出版社，2005.

［5］胡小强. 虚拟现实技术［M］. 北京：北京邮电大学出版社，2005.

［6］方兴. 计算机辅助工业设计［M］. 武汉：华中科技大学出版社，2006.

［7］张玉亭. Photoshop 产品造型表现技法与典型实例［M］. 北京：清华大学出版社，2007.